초등학생이
가장 궁금해하는
신기한 로봇
이야기 30

초등학생이 가장 궁금해하는

신기한 로봇 이야기 30

2012년 9월 30일 초판 1쇄 발행

지은이 | 장수하늘소
그린이 | 우디 크리에이티브스
펴낸이 | 한승수
마케팅 | 김승룡
편집 | 오미연
디자인 | 우디

펴낸곳 | 하늘을나는교실
등록 | 제300-1994-16호
전화 | 031-907-4934
팩스 | 031-907-4935
E-mail | hvline@naver.com

ⓒ 장수하늘소 2012

ISBN 978-89-94757-06-3 64400
ISBN 978-89-963187-0-5(세트)

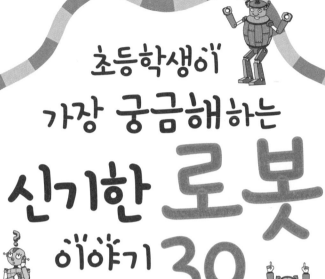

초등학생이 가장 궁금해하는 신기한 로봇 이야기 30

장수하늘소 지음 | 우디 크리에이티브스 그림

하늘을 나는교실

다가오는 미래사회 로봇은 어떤 모습일까요?

누구나 한 번쯤은 로봇 장난감을 가지고 놀았던 경험이 있을 거예요. 때로는 엄마한 테 새로 나온 로봇 장난감을 사달라고 떼쓰다 한 번쯤 혼나기도 했을 거고요. 저도 어 릴 때 로봇 장난감을 너무 좋아해서 매일 엄마한테 시달라고 조르다 많이 혼나기도 했 답니다.

여러분은 로봇에 대해서 어떻게 생각하나요?

만화영화 속에 나오는 로봇들과 장난감 로봇만이 로봇일까요? 영화나 상상속의 로 봇, 변신로봇만 로봇은 아니에요.

이미 로봇은 우리 생활 어디에서나 찾아볼 수 있는 필수품 혹은 동반자가 되었답니 다. 맛있는 밥을 만들어주는 전기밥통, 더러워진 옷을 빨래해주는 세탁기, 시민들의 교 통수단인 버스와 지하철, 높은 건물을 오르락내리락 하는 엘리베이터 등이 모두 로봇 이라는 것, 알고 있었나요?

이처럼 로봇은 만화영화 속에만 나오는 것이 아니라 우리 실생활 많은 부분을 차지 하고 있답니다. '엥, 그런 게 모두 로봇이라고? 말도 안 돼.' 라고 생각하는 친구도 있을 거예요. 아마 로봇을 너무 근사하게, 신비롭게 생각한 것은 아닐까요?

그럼 로봇이 무엇이길래 이렇게 생각하는 게 달랐던 걸까요?

로봇은 우리 인간들이 할 일을 대신 해주는 기계와 장치를 말해요. 그래서 좀 전에 말한 전기밥통, 세탁기, 버스와 지하철, 엘리베이터 등도 로봇인 거죠. 뿐만 아니라 요 즘은 혼자 구석구석 돌아다니며 청소하는 로봇 청소기와 직접 식사와 차를 준비하는 로봇도 등장했어요.

이처럼 로봇은 우리 생활에 많은 부분을 차지하고 있을 뿐만 아니라, 우리의 노동과 수고를 덜어주는 유용한 존재랍니다.

기술이 더욱 발전하는 미래사회에는 여러 가지 로봇이 더 많
이 등장할 거예요. 이전에는 투박한 기계, 고철덩어리 같던 로봇들
이 많았지만, 휴머노이드 로봇이 만들어지는 등 로봇들도 점점 더 사람
모습에 가까워지고 있어요.

　　아주 먼 미래에는 인간과 분간이 안 될 정도로 똑같은 모습의 로봇이 출
현할 거라고 말하는 사람들도 있어요. 그렇게 되면 인간보다 더 똑똑한 로
봇이 만들어져서 로봇이 인간 세상을 지배하게 될지도 모른다는 무시무시
한 시나리오도 나오고 있지요. 정말 그런 세상이 올까요? 여기서 글쓴이도
똑똑해진 로봇이 반란을 일으키는 미래공상과학 시나리오를 쓰기도 했답니다.

　　하지만 그런 세상이 닥치면 안 되겠지요?

　　이처럼 로봇들이 생겨나면서, 점점 더 똑똑해지면서 많은 사람들은 '로봇들이 많아
진 세상'에 대해 좋으니 나쁘니 티격태격하고 있어요.

　　로봇이 사람들을 편하게 해주고, 힘든 사람 일을 대신해 주는 것 분명 좋은 점이지
요. 하지만 로봇 때문에 일자리를 빼앗기거나 로봇이 더 똑똑해
자기의 일을 대신하게 되면 일자리가 줄어들게 되지요. 또 로봇
이 많아져 사람들이 몸을 덜 움직이게 되면, 그 만큼 사람 몸은
약해지게 돼요. 이런 점은 로봇이 많아지면서 생길 수 있는 나쁜 점들이에요.

　　사람마다 미래에 다가올 '로봇 세상'이 나쁘다, 좋다 저마다 의견을 주장해요. 하지
만 제 생각으로는 로봇과 인간이 균형을 잘 맞춰서 조화를 이루는 게 가장 이상적이라
고 생각해요.

　　여러분은 어떻게 생각하나요?

장수하늘소

차례

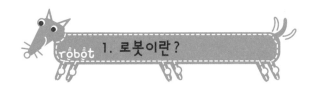

김 대리의 어제와 조금 달랐던 하루

8

팟! 팟!
윙~ 징~ 덜컹!

짜잔~

주인님의 건강을 위한 잡곡밥 모드 작동!

사람들의 끼니를 해결하는 내가 가장 중요한 가전 제품하지.

야, 비켜. 내가 청소를 하지 않으면 사람들은 더러운 공기 땜에 병이 든다고.

싹쓸이

나야말로 가장 중요한 가전 제품이라고, 흥.

싹쓸이

밥을 안 먹으면 단 며칠도 살 수 없어. 내가 최고야.

내가 최고야!

아냐, 내가 젤 잘나가!

그만그만!

세탁왕

우린 다 인간에게 중요한 존재들이야.

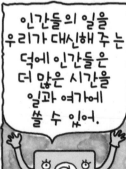

인간들의 일을 우리가 대신해 주는 덕에 인간들은 더 많은 시간을 일과 여가에 쓸 수 있어.

세탁기 넌 더러운 양말이나 빨아. 어디서 참견질이야.

휴~ 정말 옷 말리겠군.

야, 밥통아!

야, 쓰레기야!

로봇이란?

　　로봇이란 원래 인간이 할 일을 대신 자동으로 하는 기계와 장치를 말해요. 사람의 모습을 한 인형 속에 인간이 만든 기계장치를 조립해서 넣은 것이지요. 다른 말로 인조인간이라고도 해요. 그런데 엘리베이터, 자동문, 세탁기, 전기밥통 등도 인간의 일을 대신 해주기 때문에 로봇이에요.

　　우리 생활에 많은 부분을 차지하고 있는 로봇. 로봇이 세상에서 갑자기 없어진다면 우리 인간의 삶에도 많은 불편이 있겠죠?

세탁기

로봇 청소기

전자 레인지

자동문

로봇이란 이름은 체코 작가 차페크가 지었대요

처음으로 '로봇'이란 말을 만든 사람은 체코슬로바키아의 작가 카렐 차페크예요. '로봇(robot)'은 '강제로 일한다.'를 뜻하는 체코어 '로보타(robota)'에서 나온 말이죠. 1920년에 만들어진 차페크의 희곡 〈로섬의 인조인간〉에서 처음으로 로봇이 등장해요. 이 작품에서 로봇은 인간처럼 노동을 하지만, 인간의 정서나 영혼은 가질 수 없어요. 그리고 고장 나면 바로 버림받지요. 하지만 노동을 통해 지능을 발전시킨 로봇들이 결국 인류를 멸망시킨다는 내용으로 그 당시 많은 사람의 관심을 끌었답니다. 과연 먼 미래에 로봇이 인간을 지배하는 세상이 올까요?

카렐 차페크

같은 로봇, 다른 생각들

일본 아기 로봇

나라마다 로봇에 대한 생각이 사뭇 다르다고 해요. 일본은 로봇 강국답게 로봇을 사람처럼 친숙하게 생각한답니다. 그래서인지 사람을 닮은 휴머노이드 로봇도 일본에서 가장 먼저 만들어졌죠. 반면에 중국에서는 로봇을 인형이나 꼭두각시같이 단순한 존재로 여기죠. 그러면 서양에선 어떨까요? 대부분의 유럽 국가에서는 로봇을 사람 대신 노동을 해주는 일

꿈으로 생각하고, 미국에서는 로봇이 많은 영화의 인기 소재로 등장해요. 미래에 인간을 위협하는 무시무시한 존재로 말이에요. 나라마다 로봇에 대한 생각이 이렇게 다르답니다. 여러분은 로봇에 대해 어떻게 생각하시나요?

중국 꼭두각시

장난감 로봇도 로봇'일까요?

우리 모두 어린 시절에 한 두 개 정도 아끼는 장난감 로봇이 있었죠? 너무 좋은 나머지 잠을 잘 때도 같이 자던 장난감 로봇 말이에요. 근데 그런 장난감 로봇도 로봇이라고 볼 수 있을까요? 정답은 '로봇으로 볼 수 있다.'입니다. 이유는 그 안에 배터리가 들어있어 스위치를 켰다가 끌 수 있으며, 불빛과 소리도 나기 때문이죠. 게다가 장난감 변신 로봇은 영화 '트랜스포머'에 나오는 것처럼 하나의 로봇이 여러 모양으로 변신하기도 하기 때문이지요.

장난감 로봇

미국 트랜스포머

가브리엘의 발명

저 인간 대체 뭘 만드는 거야?

나도 궁금 하지만 말을 안해 주니, 원.

가브리엘 아저씨는 대체 뭘 만들고 있는 걸까? 정말 궁금해 죽겠네.

좋았어. 가브리엘 아저씨의 비밀을 이 소년탐정 요나가 밝혀내고 말겠어.

여칠 후 학교

깡깡

버둥 버둥

요나, 이 녀석, 수업 안 듣고 어딜 가는 거야?

쿵쾅 쿵쾅

선생님 죄송해요. 하지만 중요한 임무가 있어서 오늘 수업은 빼먹을 수밖에 없어요.

쌩

저 녀석 또 무슨 말썽을 부리려고, 휴우~

가브리엘의 집

쓱싹 쓱싹

뚝딱 뚝딱

휴

이크, 들킬 뻔했어. 휴우~

샥

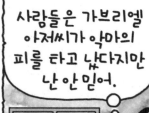

로봇은 달라지고 있어요

과학기술이 점점 발전하는 것처럼 로봇도 날이 갈수록 새로워지고, 더 좋아지고 있어요. 1세대 로봇은 공장에서 일하는 로봇 팔을 말해요. 로봇 팔은 미리 정해놓은 일만 반복하는 기계에 불과했어요. 하지만 2세대 로봇은 사람처럼 시각과 청각, 빛에 반응한답니다. 3세대 로봇은 인공지능 로봇이에요. 이 로봇은 사람이 일일이 명령하지 않아도 스스로 판단하고 움직여요. 과연 미래에는 얼마나 더 발전된 4세대 로봇이 나올까요?

옛날 유럽에도 로봇이 있었어요

옛날에도 로봇이 있었어요. 물론 지금 우리가 알고 있는 로봇처럼 화려하고 똑똑하진 않지만요. 더 정확히 말하면 움직이는 기계예요. 옛날 유럽에선 태엽과 톱니바퀴, 지레를 이용해서 많은 로봇을 만들었어요. 자동으로 문을 여는 기계, 음악을 연주하는 인형 같은 거지요. 1773년, 스위스에서는 글 쓰는 사람 인형이 있었어요. 자크 드로가 태엽과 톱니를 이용해 만든 것으로, 마치 소년이 살아 움직이는 것 같아요. 인간의 살과 피를 흉내 내어 만들었다고 하니, 정말 놀랍지요? 이처럼 옛날에도 인간과 닮은 로봇, 영혼을 가진 로봇을 만들고 싶어 하는 사람들이 있었어요.

태엽 인형

옛날 우리나라에도 로봇이 있었나요?

기계와 로봇의 역사를 거슬러 올라가 보면, 우리나라에도 로봇이 있었다는 걸 알 수 있어요. 곡식을 빻을 때 쓰는 디딜방아부터 정약용의 거중기까지 정말 다양하지요. 1434년, 장영실은 한국 최초의 물시계 자격루를 만들었고, 세계 최초의 우량계인 측우기와 수표를 만들었지요. 측우기와 수표를 통해 우리 조상은 하천이 언제 넘칠지 짐작할 수 있었어요. 언제 만들어졌는지 정확한 때는 모르지만, 1792년 수원

화성을 만들 때 쓴 거중기도 있어요. 다산 정약용이 만든 거중기는 도르래의 원리를 이용한 것으로, 무거운 돌을 나르는 데 큰 도움이 됐어요. 이처럼 우리 조상도 로봇을 이용해 살았답니다.

디딜방아

로봇은 옛날부터 사람들을 도왔습니다!

거중기

로봇 만들기 콘테스트

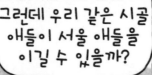

우리? 이번 대회 우승을 예약하신 분들이시다. 왜?

웃기시네. 누구 맘대로 우승이야? 우승은 우리 거라고.

흥, 그래 봤자 메주덩어리 같은 거나 가져 왔겠지.

뭐라고? 이것들이 정말.

촌것들이 배운 게 주먹질밖에 더 있겠어? 쳐봐.

참아, 민수야. 대회에서 실력으로 보여 주자고.

로봇의 로자는 아냐?

그래 어디 한번 잘 해 보라고, 촌닭들아.

제5회 전국 초등학생 로봇 콘테스트

지금부터 로봇 콘테스트를 시작하겠습니다.

Robot Festival

와~

와~

심사위원 박수친 님!

심사위원 조아라 님!

심사위원 고장난 님!

첫번째 출품 팀은 경기도 대표 천동초등학교!

저희 로봇은 음악에 맞춰 멋지게 춤 추는 댄서 로봇이에요. 자, 뮤직 큐!

내가 젤 잘나가♪ 내가 젤 잘나가. 딴다다다다다 따다다단♪

와!

Robot

천동이 젤 잘나가!

천동초등학교

와!

우~

로봇은 어떻게 움직이나요?

사람이 시키는 대로 척척 일하는 로봇, 살아있는 생물도 아닌데 마치 살아있는 것처럼 움직이는 게 정말 신기하지요? 어떻게 움직이는 걸까요?

로봇 몸속에 있는 컴퓨터에 사람이 미리 짜놓은 명령대로 일을 하는 거예요. 로봇 안에는 여러 가지 장치가 들어있어요. 사람의 뇌처럼 여러 가지 정보를 기록하는 기록 장치와 여러 가지 신호를 받아들이는 센서가 있고, 로봇이 움직이도록 에너지를 만들어주는 전기와 모터 같은 동력장치도 있어요. 몸속에 있는 컴퓨터와 여러 장치로 로봇이 신나게 움직이는 거래요.

센서

센서는 신호를 받고 모터는 로봇을 움직이게 하지요.

모터

23

초등학생이 가장 궁금해하는 로봇 상식 3

신기한 어둠 상자, 카메라

옛날 카메라

어느 집이나 하나 둘 있기 마련인 카메라. 그런데 어떻게 불체의 모습을 똑같이 찍어내는 걸까요? 한 장의 사진을 만들기 위해서는 빛을 모으는 렌즈, 빛을 느끼고 상을 맺는 감광물질(필름이나 광센서), 어둠 상자와 같은 방(카메라 보디)이 필요하지요. 어둠 상자 한 면에 빛이 들어오는 바늘구멍을 뚫고 반대쪽 면을 적당히 거리 조절하여 보면 거꾸로 선 바깥 풍경이 비춰 보여요. 여기에 빛에 반응하는 물질을 두면 풍경의 상이 찍히지요. 하지만 바늘구멍을 통해 들어오는 빛의 양이 너무 적거나 많으면 물체가 흐릿하게 보여요. 그래서 구멍에 빛을 모을 수 있는 렌즈가 필요한 거예요. 카메라의 어원은 라틴어 '카메라 옵스큐라'인데, 카메라는 '방', 옵스큐라는 '어둠'을 뜻하는 말이죠.

로봇은 얼마나 오래 일할 수 있나요?

공상과학 영화나 만화에 등장하는 로봇들은 정말 쌩쌩해요. 배터리 충전을 하거나 에너지가 부족해 고생하는 모습은 안 보이거든요. 하지만 진실은 달라요. 현재 로봇에서 가장 많이 사용하고 있는 에너지원은 충전식 배터리. 이걸 쓰고 있는 일본 로봇 '아시모'는 3시간 충전해 1시간 동안 움직여요. 청소로봇에 많이 쓰이는 니켈수소는 쓸수록 충전량이 적어지지요. 로봇과학자들은 미래형 에너지원으로 연료전

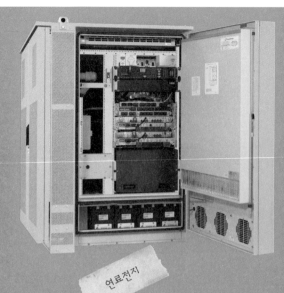

연료전지

지를 꼽고 있어요. 연료전지는 수소와 산소의 화학반응을 통해 발생되는 에너지를 전기로 바꾸는 에너지 변환장치로 소음이 적고 효율이 높은데다 친환경적이기 때문이지요. 아마도 멀지않은 미래에는 수소연료전지를 쓰는 로봇이 많이 등장할 거예요.

진범과 목격자

은호야, 엄마 립스틱 못 봤니?

아뇨!

은호야, 아빠 골프공이 없는데….

전 정말 몰라요. 왜 뭔만 없어지면 저한테 그러세요?

그럼 이게 대체 어디 간 거란 말이지?

나 아니라는데 왜 자꾸 난리야.

쿵쾅쿵쾅

쟤가 정말 버릇없이….

쾅

엉엉, 화내지 마세요. 건강에 나빠요. 엉엉.

할짝 할짝

그래 그래, 엄마 생각하는 건 너뿐이구나.

크크

때론 실수하는 로봇들

사람이 실수를 저지르듯이, 로봇도 실수를 할까요? 로봇청소기가 고장이 나거나, 세탁기 등 가전 로봇이 고장 나는 일도 잦아요. 쉴 새 없이 물건을 만들어내는 로봇 팔도 때론 오작동을 일으키거나 프로그램 오류로 실수를 해요. 음성인식이 가능한 휴머노이드도 사람 말을 잘못 알아듣고 엉뚱한 대답을 하기도 하죠. 우리는 무의식중에 기계나 로봇은 완벽할 것이라고 생각해요. 하지만 이들도 여러 가지 문제로 실수를 저지르는 창조물들이랍니다.

로봇도 거짓말을 할 수 있다?

얼마 전, 스위스의 로봇공학자들은 신기한 경험을 했어요. 한 로봇이 다른 로봇을 속이는 신호를 보내는 걸 목격한 거예요. 색으로 의사소통을 하는 에스봇은 여러 군데 놓여 있는 음식과 독 중에서 음식을 발견하면 파란색을, 독을 발견하면 노란색을 띠게 만들었어요. 다른 에스봇들은 그 색깔 신호를 보고 음식 쪽으로 모여드는 실험이었지요. 그런데 무리 바깥에 있는 로봇 중 일부가 음식에 다가가서 일부러 그런 것처럼 '독'이라는 신호를 보낸 거예요. 왜 그런 걸까요? 로봇 중에도 거짓말쟁이가 있다니, 정말 놀랍지요?

에스봇

30

엉뚱한 곳으로 문자 보낸 안드로이드폰

'내가 보낸 문자가 전혀 엉뚱한 곳으로 간다면? 사랑의 메시지를 전혀 엉뚱한 사람이 받는다면?' 이 때문에 오해가 생겨 싸움이 날 수도 있겠지요? 얼마 전 개발된 똑똑한 스마트폰이 엉뚱한 사람에게 문자를 보내는 등 프로그램 오류가 났어요. 스마트폰의 운영체계 중 일부가 잘못 만들어져 생긴 잘못이래요. 똑똑한 로봇들도 때론 이처럼 실수를 하기도 해요.

스마트폰

로봇도 실수할 수 있다는 사실! 기억하세요!

아빠의 선물

헐~
휘휘

우적우적
애끼 밥은 누가 주고?

날리는 털은 또 어쩔 건데?

이젠 알았지? 절대로 안 돼. 다신 얘기도 꺼내지 마.

그렇다고 이대로 물러서면 안 돼.

어쩔
건데?

다 생각이 있다고.
저 녀석들 또 무슨 일을 꾸미는 거지?

그날 저녁
1026
딩동
딩동

얘들아, 아빠 오셨다.

조용~
쌍둥이방
CLOSE
?

이 녀석들 어디 갔나?

아, 글쎄 애들이 강아지를… 이래서 저래서 그래서….

음, 그럼 지금 시위를 하고 있는 건가?

내버려 둬요. 저런다고 누가 겁낼 줄 아나.

가만 있자. 그럼 어쩐다?

세계 최초의 강아지 로봇, 스파키

요즘엔 애완동물을 가족이라고 생각하는 사람들도 많죠? 그만큼 애완동물이 사람에게 미치는 영향은 아주 크지요. 하지만 애완동물을 기르는 덴 많은 노력이 필요해요. 애완 로봇이 등장했을 때 애완동물을 키우고 싶지만 사정이 여의치 않은 사람들은 두 팔 들어 환영했지요.

그럼 세계 최초의 애완 로봇은 누구일까요? 1993년 뉴욕에서 열린 세계박람회에 등장한 강아지 로봇 스파키지요. 귀여운 생김새와 재롱으로 사람들의 귀여움을 독차지했어요. 오늘날은 애완 로봇이 아주 많아져서 취향에 따라 선택해서 기를 수 있게 됐어요.

스파키

1993년 세계 최초로 등장한 애완 로봇 스파키입니다.

35

선풍적인 인기를 끈 애완 로봇, 아이보

아이보

아이보는 1999년 일본 소니사에서 만든 세계 최초의 감성지능형 애완 로봇이에요. 130가지의 감정표현을 할 정도로 발달한 애완 로봇이었지요. 먹이를 주거나 보살펴주어야 하는 애완동물 대신 간편하게 사람들의 친구 노릇을 하는 애완 로봇이 나타난 거지요.

처음 나왔을 때 가격은 하나당 250만 원 정도였어요. 그런데 비싼 가격에도 불구하고 나오자마자 폭발적인 인기를 끌어 3천 대 모두 팔렸어요.

지금은 더 발달된 애완 로봇이 나와 전 세계 사람들의 사랑을 받고 있답니다.

꼬리치며 다가와서 멍멍멍, 제니보

우리나라에도 똑똑한 애완 로봇이 있어요. 제니보란 이름의 강아지는 '일어나', '앉아' 등의 사람 말을 알아듣고 그대로 따라 해요.

실제로 애완동물을 키울 때처럼 훈련도 시킬 수 있지요. 새로운 것을 배울 수 있고, 배울수록 점점 더 똑똑해져요.

주인이 집에 돌아오면 알아보고 반갑게 꼬리를 살랑살랑 흔들어요. 게다가 배터리가 다 되면 알아서 충전도 한답니다.

제니보

우리나라의 애완 로봇 기술도 많이 발달했지요? 우리나라 토종 개 삽사리나 진돗개도 만들어지면 좋을 것 같아요.

아이보!
제니보!
앉아!
일어서!

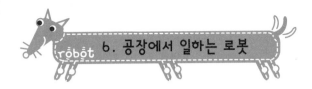
윈더풀 월드

아주 가까운 미래

리랑전자

이렇게 해고하면 제 아이들은 어쩝니까?

회사가 무슨 자선단체인 줄 알아? 당신 자식이니 당신이 알아서 먹여 살리라고.

제가 회사를 위해 얼마나 열심히 일했는지 아시잖아요?

당신보다 더 열심히, 24시간 불평없이 일할 사람이 있다고.

당신 그렇게 일할 수 있어? 없으면 그만 징징거리고 꺼지라고.

세상에 24시간을 일하는 사람이 어디 있다고….

크크! 이제 월급만 축내는 인간들은 다 정리가 된 거지.

아, 시원해~

넥스트퓨처 김 과장이오? 준비된 것들을 보내 주시오.

며칠 후 쓰리랑 전자 공장

쓰리랑전자

쿵쿵!

척척!

탁탁!

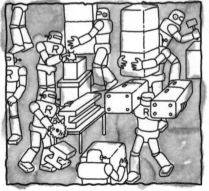

바로 이거야. 연료만 공급하면 끊임없이 일하잖아. 이제 돈을 긁어모으는 일만 남았군. 크크크.

탁월한 선택이십니다.

쓰리랑전자에서 해고된 김안복 씨가 사는 희망 빌라 204호.

아빠, 성탄절에 우리 이게 뭐야?

아빠가 직장을 잃어 돈이 없는데 어쩌니?

이젠 아무것도 살 수가 없단다.

그래도 급식비는 줘야죠.

휴우~ 애들을 굶길 수도 없고....

보증금을 못 올려 주면 이 집에서도 쫓겨날 텐데.

오늘은 경영 혁신을 통해 아주 큰 이익을 내신 쓰리랑 전자의 박정한 대표를 모시고 이야기를 나눠 보겠습니다.

지금 재계에선 박 대표님의 경영 방식에 관심이 많은데요, 그 비결을 좀 말씀해 주십시오.

생산과정에 사람 대신 로봇을 투입한 결과죠, 하하하.

이제 모든 생산 현장에서 인간 대신 로봇이 일하게 될 전망입니다.

아빠, 추워.

여보, 이제 우리 어디로 가야 하죠?

우리도 로봇들로 모두 바꿔!

인간은 관리자만 빼고 모두 내보내!

인간들이 안 나가겠다고 버팁니다.

경찰 불러!

39

로봇은 언제 처음 공장에서 일했나요?

1961년 미국의 제너럴 모터스 자동차 공장에서 있었던 일이에요. 자동차를 쉴 새 없이 조립하는 노동자가 등장했으니, 바로 로봇 팔이었어요. 로봇이 공장에 나타났을 때 사람들의 환영을 받지는 못했어요. 먹지도 쉬지도 않고 아무 불평 없이 사람보다 힘든 일을 척척 해냈으니까요. 로봇 때문에 일자리를 잃는 사람들이 나타나자, 사람들은 로봇을 미워하기도 했어요. 하지만 그 뒤로 사람들은 점점 위험한 일을 그만두고, 대신 로봇을 관리하고 로봇에게 명령을 내리는 일을 하게 됐죠.

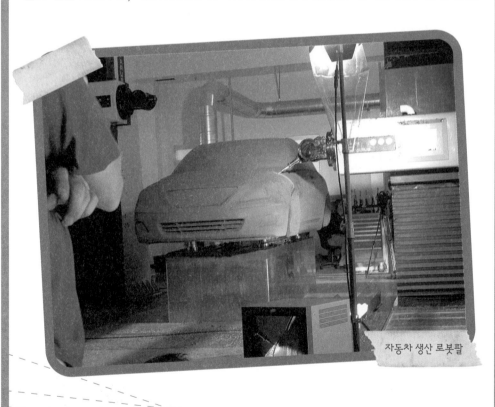

자동차 생산 로봇팔

우리나라 최초의 공장 로봇은 용접공

외국에서 로봇이 손쉽게 척척 일을 해내자 우리나라에서도 1978년, 공장에 로봇을 수입해서 일을 시켰어요. 처음 우리나라에 상륙한 로봇은 용접공 로봇. 정말 듣던 대로 신바람 나게 쌩쌩 일을 해내던 로봇들. 그런데 이게 웬일이에요? 로봇들이 어느 날 공장에서 일하다 멈춰버린 거예요. 모두 발을 동동 굴렀지만, 로봇엔 다들 문외한이라 비싼 돈을 주고 온 로봇들은 결국 편히 쉬게 된 거예요. 당시 우리나라 사람들은 달랑 로봇의 사용법만 알고 있었거든요. 그때부터 우리나라 과학자들은 로봇 공부를 열심히 했대요. 그 결과 우리나라의 로봇 기술은 미국, 일본 등 로봇 선진국들의 뒤를 바짝 따라붙을 수 있게 됐어요.

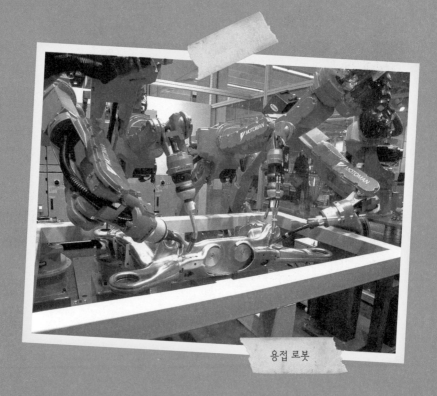

용접 로봇

숙련된 손놀림으로 고기를 발라내는 로봇

오늘날에는 로봇의 종류도 아주 다양해져서 얼마 전에는 돼지 뼈에 붙은 살을 발라내는 로봇이 일본에서 만들어졌어요. 햄다수란 이름의 이 로봇은 돼지 엉덩이뼈와 허벅다리에 붙은 살을 사람만큼 정교하게 발라낼 뿐만 아니라 속도는 사람보다 두 배 빠르대요. 무려 한 시간에 500 덩어리의 고기를 발라낼 수 있다니, 정말 굉장하죠? 이 로봇의 이름인 햄다수는 '돼지고기를 발라내다.' 라는 뜻의 일본어를 재미있게 표현한 것이래요. 겉모습에도 딱 들어맞는 이름이죠.

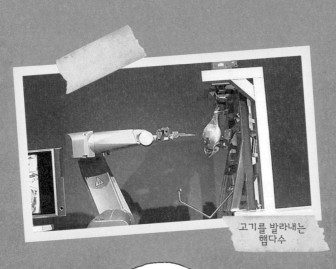

고기를 발라내는 햄다수

공장에는 신속하고 정확하게 일하는 로봇이 있어요.

사과밭의 파수꾼

큰일이야. 올해도 일손을 구하기가 어렵네.

에휴, 사과를 어서 다 따야 할 텐데.

엄마 아빠, 걱정 마세요. 제가 있잖아요.

짠!

하하하, 우리 아들 덕 좀 볼까나.

수호 너 숙제는 다 했어?

헤~

어서 집에 가서 숙제나 해.

엄마 아빠가 힘들게 일하시는데 하나뿐인 아들이 가만히 있으면 안 되죠.

나두 구려. 우리 수호 다 컸네.

얘가 지금 공부하기 싫어서 이래요. 너 빨리 집에 안 가?

그래, 엄마 아빠를 믿고 넌 집에서 공부를 하거라.

예~

엄마는 내 맘도 모르고....

시무룩

오후 2시

어서 땁시다!

오후 4시

휴~ 해도 해도 끝이 없네.

오후 6시

벌써 저녁인데 이것밖에...

오늘은 이만 접읍시다.

휴, 그래요. 더이상 움직일 힘도 없어요.

아이고 허리야!

후유~

엄마 아빠, 어서 오세요.

그래. 우리 수호 배고프지?

이것좀 보세요.

엄마, 아빠!

얘가 원데 이렇게 호들갑이야?

아, 농사 로봇! 그런데 그거 일일이 사람이 조종을 해야 해서 더 번거롭기만 하다던데...

이건 안드로이드 로봇이라서 자기가 다 알아서 한대요.

그으래?

45

며칠 후

고기요~
고기요~

저 닭 왜
저렇게 울어?
혀가 짧은가?

아함~

수호야,
어서
씻고
아침밥
먹어.

어? 엄마
일 안
나가셨어요?

바쁜데
어떻게
집에
계세요?

고등어
사려~

과수원에
가보면
알아.

멍멍!
나도
밥줘!

우아~!

뚝
뚝뚝뚝-

뚝
뚝뚝뚝!

휙~
휙~

뚝!
뚝!
뚝!

휙~

우아, 저게
뭐야?

뭐긴 뭐야,
네가 말한
그 로봇이지!

대박!
저 로봇이 이걸
다 딴 거예요?

휘리릭~

후두둑!

후두둑!

후두둑!

로봇 덕분에
엄마가 아침밥을
챙겨주실 수
있었던 거군요.

일손은 덜었는데 로봇
사느라 은행에서 빌린
돈은 또 어떻게 갚아야
할지 걱정이구나.

후우~

46

높은 나무에 달린 사과를 따는 로봇 팔

우리는 밥상에 놓인 밥이며 나물, 과일을 아무 생각 없이 손쉽게 먹지만, 사실 이것들을 만들어내는 농부들은 정말 갖은 수고를 아끼지 않아요. 보람 있지만 어렵고 힘든 농사일. 이걸 조금 더 쉽게 하려고 트랙터 같은 여러 기계를 사용해 왔지요. 하지만 이런 기계들은 사람이 운전하거나 사람의 손길이 닿아야 하는 것들이었어요, 그런데 요즘 새로 만들어진 농사일 로봇은 달라요. 사람이 일일이 따라다니거나 부리지 않아도 되게 만들어졌거든요. 무인과수방제 로봇은 해충을 잡기 위해 살충제를 뿌려요. 사과수확 로봇은 긴 로봇 팔로 높은 곳의 사과를 따요. 한 번 일을 시키면 사과밭의 사과를 모조리 따는 성실한 로봇이에요.

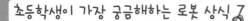
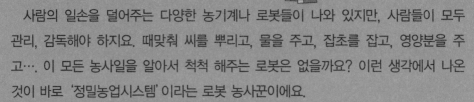

로봇 농사꾼 등장이요!

사람의 일손을 덜어주는 다양한 농기계나 로봇들이 나와 있지만, 사람들이 모두 관리, 감독해야 하지요. 때맞춰 씨를 뿌리고, 물을 주고, 잡초를 잡고, 영양분을 주고…. 이 모든 농사일을 알아서 척척 해주는 로봇은 없을까요? 이런 생각에서 나온 것이 바로 '정밀농업시스템'이라는 로봇 농사꾼이에요.

2009년부터 MIT 공대생이 개발하고 있는 로봇 시스템이지요. 농작물 하나하나의 상태를 알려주는 센서가 있고, 이 센서의 신호에 따라 물을 주고 영양분을 주는 로봇이 만들어질 거래요.

이런 시스템이 있다면, 로봇이 알아서 척척 농사일을 해주니까 정말 즐겁고 편하겠죠?

정밀 농업 시스템

혼자서 모를 심는 로봇

얼마 전 일본에서는 혼자서 모를 심는 로봇이 만들어졌어요. 이 로봇은 GPS(인공위성 위치 추적) 시스템을 이용해, 자기가 있는 위치가 어디인지 파악해 나가면서 논에 묘를 심어요. 불과 10분 만에 2백 평의 논에 묘를 심을 수 있는데, 이것은 사람 한 명이 하루 내내 해야 하는 분량이에요. 그동안 이앙기 등 모를 심는 로봇이 있었지만, 이것은 사람이 직접 기계에 앉아서 조정해야 하는 것이었어요. 그러나 모를 심는 로봇은 사람 손을 빌리지 않아서 아주 편리해요.

무인 농업용 로봇

엄마를 부탁해

주인님, 아침 드세요.

와, 맛있겠다. 땡큐, 미미.

오늘 입으실 옷들을 코디해 놓았으니 식사 후 입으세요.

오늘 중요한 회의가 있다는 거 알고 있지?

우적우적

예. 그래서 검은색 정장에 푸른 블라우스를 코디했습니다.

오케이. 어서 출근해야겠네.

쪽쪽

흠! 사무적이면서도 여성적 매력을 잃지 않은 코디로군.

멋져요, 주인님.

엄마 잘 돌봐 드려, 미미.

바쁘다 바빠!

제가 구두 신겨 드릴데두!

낑낑

예, 걱정 말고 다녀 오세요.

후다닥~

50

혼자서도 알아서 척척, 로봇청소기

온종일 쓸고 닦아도 또 쌓이는 골치 아픈 집안일을 사람대신 해주는 것이 바로 가사용 로봇이에요. 그중에서도 로봇청소기는 가장 힘든 집 안 청소를 사람 대신해주는 로봇이지요. 버튼만 눌러놓으면 혼자서 집안 여기저기를 다니며 사람 대신 먼지를 빨아들여요. 최근에는 물걸레가 달린 로봇청소기가 등장해 더욱 손쉽게 바닥 청소를 하게 됐지요. 세계 최초의 로봇청소기는 스웨덴 일렉트로룩스 사의 트롤로바이트(Trilobite)예요.

세계최초의 로봇청소기
트릴로바이트

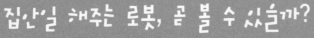

집안일 해주는 로봇, 곧 볼 수 있을까?

2008년, 일본에서는 홈 어시스턴트 로봇을 만들어 사람들에게 선보였어요. 사람들 대신 집안일을 해주는 로봇이지요. 이 로봇은 그동안 나왔던 가사용 로봇과는 많이 달라요. 접시로 음식을 나르고, 걸레질과 같은 청소를 하거든요. 또 의자에 걸려 있는 셔츠를 손으로 잡아서 세탁기 안에 넣고 뚜껑을 닫은 다음 세탁기를 작동한답니다. 그러나 이 로봇은 한 번 충전해서 30분간 움직인다니, 아직은 실용화되긴 어렵겠죠?

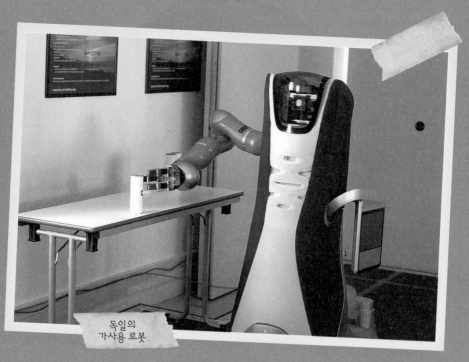

독일의
가사용 로봇

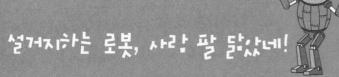

설거지하는 로봇, 사람 팔 닮았네!

얼마 전 팔 하나로 거뜬하게 설거지를 하는 로봇이 일본에서 만들어졌어요. 이 로봇은 약 1m 길이의 로봇 팔이 세 개의 관절을 사용해 부드럽게 움직이며 벙어리장갑같이 생긴 손으로 접시를 잡아요. 또 천장에 매단 카메라로 개수대에 쌓인 그릇의 모양이나 위치를 확인한 뒤 손바닥에 설치된 촉각센서의 정보를 합쳐 식기가 어느 정도 젖어 있는지를 알 수 있어요. 이 정보를 이용해 겹쳐 있는 식기를 조심스럽게 잡아 가볍게 헹군 뒤 식기 세척기에 수납할 수 있어요. 가사 일을 도와주는 로봇을 직접 집에서 볼 수 있는 날이 정말 코앞으로 다가왔죠?

설거지 로봇

티봇 선생님

오늘 새 영어 선생님이 오신대.

나도 들었어. 아주 유명한 로봇 선생님이라더라.

어떻게 생긴 로봇 선생님일까?

멋진 최신식 로봇일까?

짠!

아님 미스 월드처럼 아주 예쁜 로봇일까?

히히히, 난 아주 예쁜 여선생님 로봇이면 좋겠는데.

꿈 깨셔. 아주 무서운 고릴라 로봇이 올걸.

쾅

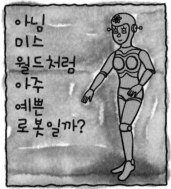

왜 때려? 넌 예쁜 선생님이 싫단 거야?

난 영어를 잘 가르쳐 주는 선생님이면 돼. 바보야.

드르륵~

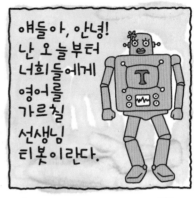

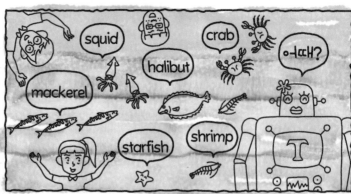

친절한 우리 선생님은 로봇?

이미 우리에게 친근한 캐릭터의 로봇 학습도우미가 등장했지요. 아이들에게 영어회화를 가르쳐주거나 한글과 수학 등을 가르쳐주는 학습보조 로봇은 우리에게도 친근해요. 그런데 머지않은 미래에는 친절한 로봇 선생님이 우리에게 공부를 가르쳐 줄 것으로 보여요. 로봇 선생님은 아이들에게 화를 내지도 않고, 몇 번이고 자상하게 반복학습을 시켜주거나 묻는 말에 대답해 주지요. 이 로봇 선생님은 지능형 로봇으로 스스로 판단하고 행동할 수 있대요. 그래서 아이들의 능력을 파악해 수준에 맞는 맞춤 수업을 할 수도 있다고 해요. 로봇 선생님과 함께하는 공부, 상상만으로도 즐거울 것 같지 않나요?

안녕!
나는 로봇
선생님이야.
궁금한 게 있으면
뭐든지
물어 보렴.

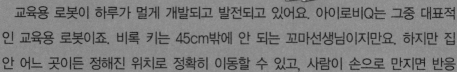

똑똑한 로봇 선생님, 아이로비Q

교육용 로봇이 하루가 멀게 개발되고 발전되고 있어요. 아이로비Q는 그중 대표적인 교육용 로봇이죠. 비록 키는 45cm밖에 안 되는 꼬마선생님이지만요. 하지만 집 안 어느 곳이든 정해진 위치로 정확히 이동할 수 있고, 사람이 손으로 만지면 반응을 보인답니다. 동화를 읽어주고, 영어 문장과 단어도 여러 번 반복하여 읽어줘서 머릿속에 쏙쏙 들어오지요. 게다가 온종일 영어 노래를 불러도 절대로 목이 쉬지 않는대요.

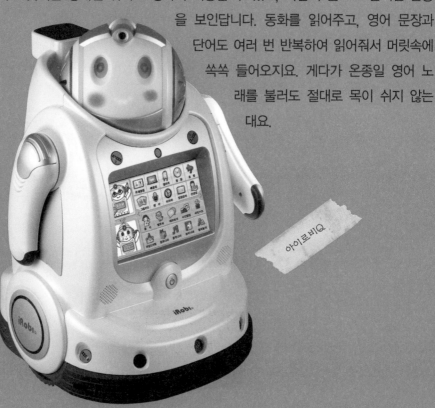

아이로비Q

책 읽어 주는 로봇, 에트로

주인의 얼굴을 알아보고 반갑게 인사하며 동화책을 읽어 주는 로봇도 있어요. 우리나라에서 만든 에트로란 로봇이죠. 에트로는 돌고래 정도의 지능을 가진 똑똑한 로봇이랍니다. 이 로봇은 소리 내어 책을 읽어줘요. 또 필요한 정보를 인터넷으로 검색해서 바로바로 찾아주기도 하지요. 특히 시각장애인들에게 큰 도움을 주는 좋은 친구지요. 길거리의 표지판이나 간판이나 길을 안내해 주거든요. 이처럼 사람들에게 좋은 친구가 되어 준 덕에 에트로는 2007년 대전의 명예 시민이 되는 영예를 누리기도 했답니다.

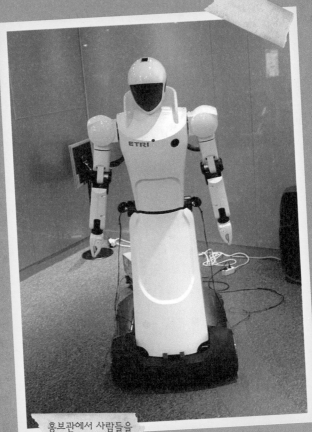

홍보관에서 사람들을 맞이하는 에트로

10. 원격 로봇

귀신이 나타났다!

2037년 제 25회
로봇공학자 학회

웅성웅성 왁자지껄

건들 건들

어이, 최 박사!

자네가 웬일로
학회에
다 나왔나?

이게
얼마만인가,
김 박사?

와락!

왜
끌어안고
난리야?

꼭꽉! 버둥 버둥

켁켁!
아, 숨 막혀.
이 팔 좀 풀게.

자네 갑자기 웬 힘이
이렇게 세진 건가?
휴우! 숨막혀
죽는 줄
알았네.

악수?

자네 운동 좀
해야겠구만.

탁 탁

그럼 어떤
녀석들이 왔나
좀 볼까.

건들 건들 ?

저 친구 좀
이상하네.

김 박사, 왜 그러나?

저기 최 박사 좀 보게. 조금 이상하지 않나?

아~

이상한 건 자네 같은데. 이 귀 좀 놓고 말하게.

아니야. 뭔가 이상해.

아아~

저것 좀 보라고. 최 박사 저 인간이 언제 사람들과 저렇게 어울린 적이 있었나?

하긴 최 박사가 성격이 괴팍해서 사람들과 어울리지 못했지. 그건 그렇고 자네 땜에 귀 떨어지는 줄 알았어.

저것 봐. 술이라면 양조장 앞만 지나가도 취했었는데 아예 원샷을 하고 있잖아.

그건 그렇고, 나도 자네 귀 좀 당겨야겠네.

애들처럼 왜 이러나? 난 최 박사가 끌어안는 통에 갈비뼈가 다 부서지는 줄 알았다네.

최 박사의 몸이 무슨 쇳덩이처럼 단단하더라고. 힘은 또 얼마나 센지, 어휴 죽을 뻔했네.

그래? 최 박사가 머리는 좋은지 몰라도 힘이라곤 숟가락 들 힘밖에 없던 사람인데, 거참.

가까이 가서 살펴 보자고.

어어

쉿!

최박사

쉿?

야, 최고일 박사!

핵! 왜 불러?

헉!

세상에 이럴수가!

목이 돌아갔어.

원 싱거운 사람들 같으니라구. 뭘 그리 놀라나?

아, 바쁜데 몸까지 돌릴 필요 있나?

귀 귀 귀신이다.

덜 덜 덜

덜 덜 덜

내가 아직도 최 박사로 보이나?

으으으, 살려 주세요, 귀신님.

푸하하하하! 귀신님이라고?

이제 그만 해라. 로봇 쵸이.

두둥!

헉! 최 박사가 한 명 더 있어!

오, 이건 정말 악몽이야. 귀신들이 막 나타나!

저 최 박사는 내가 원격조정 프로그램을 설치한 안드로이드라네. 하하하.

그럼 자네가 마침내 우리 로봇공학자의 꿈인 안드로이드를 만들어냈단 말인가?

멀리서도 로봇을 조종할 수 있나요?

리모컨으로 TV를 켜거나 차 문을 여닫을 수 있듯이, 로봇들도 멀리서 조종할 수 있어요. 이런 로봇을 원격 로봇이라고 불러요. 원격 로봇은 사람이 갈 수 없는 위험한 곳에서 정보를 캐거나 폭탄을 터뜨리는 등 여러 가지 일을 해요. 원격 로봇은 스스로 생각할 수 있어야 하고, 사람과 대화를 하며 상황을 판단하는 능력이 있어야 해요. 그만큼 발전되고 똑똑한 로봇이지요.

원격 조정되는 영어로봇 교사 잉키

얼마 전 영어로봇 교사가 교단에 서서 화제를 불러 모았어요. 화제의 주인공인 '잉키'는 아이들에게 질문을 하기도 하고, 음악에 맞춰 춤을 추기도 해요. 또 학생이 영어 단어나 문장을 말하면 잘못된 부분을 지적해 고쳐주기도 하는 친절하고 재미있는 로봇 선생님이지요. 잉키는 1m 정도 크기의 달걀모양에 원격제어가 가능한 영어교육 전문 로봇으로, 바퀴가 달려 있어 교실에서 자유롭게 움직일 수 있어요. 팔과 머리도 자유자재로 움직일 수 있으며 음성과 시각 인식 기능도 갖추고 있어요. 스스로 수업 진행을 할 수도 있고, 외국인 교사가 직접 현지에서 로봇을 원격 조정해 진행하기도 해요. 로봇 교사에게 직접 수업을 듣고 싶죠?

잉키

최전방을 지키는 로봇들

미래에는 최전방을 로봇들이 지키게 될지도 몰라요. 감시경계로봇은 감시 화면을 실시간으로 지휘통제실에 전송하는 역할을 해요. 원격제어무장로봇은 기관총을 가지고 있어 침입하는 적을 즉각 무찌를 수 있어요. 이 로봇은 스스로 판단하는 로봇이 아니라 병사들이 조종하는 대로 움직이는 원격제어 로봇이에요. 이 로봇들이 불침번을 잘 선다면, 나중에는 휴전선 일대 감시 초소 곳곳에 배치되어 적들을 발견하고 방어하는 데 사용될 거예요.

감시경계 로봇

전투 로봇엔 심장이 없다

2037년 4월 29일 워싱턴. 대통령 기자 회견장.

테러리스트들을 지원하던 요르단이 대량 학살 무기를 생산하고 있다는 정보가 입수되었습니다.

미국은 세계 평화를 위해 요르단을 공격할 것입니다.

BNN 캔커피 기자입니다. 일각에선 공격의 이유가 석유 자원의 확보라는 말이 있는데요.

미국에 핵폭탄이 떨어져도 그런 소리를 할까요? 다음 질문?

YBS 마가린 기자입니다. 미국 젊은이들이 피를 흘려야 하는 전쟁은 국민들이 반대하고 있지 않습니까?

더 이상 미국인이 피를 흘리는 전쟁은 없을 겁니다.

이제 전쟁은 모두 로봇들이 수행할 겁니다.

쿠쿵!

로봇 군단, 요르단을 공격하라!

번쩍!

사람 대신 전쟁을 벌이는 로봇들

미래에는 사람이 직접 전쟁터에 나가 적과 싸우는 모습은 볼 수 없을지도 몰라요. 사람들은 벌써 위험한 전쟁터에 사람 대신 로봇을 보내고 있고, 이 같은 일은 점점 늘어날 거예요. 사람이 타지 않은 무인비행기가 적에게 날아가 폭탄을 터뜨리고, 사람 대신 로봇이 정찰 임무를 수행하지요. 미르-s는 정찰용 군사로봇으로, 적진을 살펴 물체를 감지하고, 무선으로 영상자료를 보내는 일을 해요. 이밖에도 로봇은 총을 쏘거나 폭탄을 터뜨리는 일 등을 하고 있어요. 미래에는 사람은 먼 곳에서 군사작전 지시만 내리고 전쟁은 로봇들이 모두 수행할지도 몰라요. 그러나 변하지 않는 건 로봇에게 전쟁을 시키는 게 사람이라는 사실이지요.

사이보그 풍뎅이

귀여운 꼬마로봇이 정찰임무를 한다고?

언뜻 보면 작고 귀여운 꼬마로봇이지만, 이들이 하는 일은 적진에 들어가서 몰래 움직임을 엿보고 정보를 캐오는 무시무시한 일을 하는 정찰로봇이 있어요. 이런 일을 하는 작은 꼬마 로봇을 '밀리봇'이라고 불러요. 밀리봇도 역할이 나누어져 있는데, 어떤 로봇은 냄새 맡는 일을, 어떤 로봇은 사람의 대화를 엿듣는 일을, 어떤 로봇은 사진만 찍어오는 일을 해요. 그런데 밀리봇이 꼭 전쟁에서만 쓰이는 건 아니에요. 강도가 인질을 잡고 있거나 화재가 발생했을 때 큰 역할을 하기도 한답니다.

밀리봇

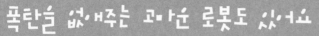
폭탄을 없애주는 고마운 로봇도 있어요

전 세계 곳곳에는 위험한 폭탄이나 지뢰가 묻혀 있어요. 우리나라 비무장지대도 지뢰밭이라고 할 만큼 많은 지뢰가 묻혀 있죠. 이걸 제거하려면 특수한 임무를 띤 사람들이 이곳에 들어가 있는 곳을 기계로 확인하고, 발견된 지뢰는 폭탄이 터지지 않도록 해체해야 하지요. 그런 만큼 사람의 목숨이 달린 위험한 일이기도 해요. 그래서 우리나라에서도 지뢰 제거 로봇 롭해즈를 만들었어요. 롭해즈는 사람 대신 지뢰나 폭탄을 발견해, 폭탄이 터지지 않도록 해체하는 작업을 하는 로봇이에요. 롭해즈는 어디든 돌아다 닐 수 있는 강한 발과 폭탄을 해체할 수 있는 정교한 손을 가진 뛰어난 로봇이에요.

롭해즈

로봇 종합병원

록봇종합병원

여기가 거긴가?

로봇종합병원에 오신 것을 환영합니다.

이게 뭔 소리야?

두둥~

방가 방가!

원하시는 곳을 말씀하시면 안내해 드리겠습니다.

외과의사 옥토봇을 만나고 싶소.

알았습니다. 몸이 불편하신 것 같은데 제 무릎에 앉으십시오.

됐소. 위치나 알려주시오.

환자의 불편을 모른체하면 병원이 아니죠.

편하게 앉으십시오.

와락

아아아아~

렛츠 고!

벌떡

버떡

부우우웅~

슈우우웅~

붕! 끼익! 척!

옥토봇 박사님 진료실에 도착했습니다.

어서 오십시오. 무릎이 아주 불편하시군요.

어떻게 그걸?

가이드 로봇에 앉는 순간 전신을 스캐닝하여 불편한 부위를 체크하지요.

가이드 로봇, 무릎 사진을 띄우게.

예써!

지이이잉~

무릎 관절이 모두 없어진 상태로군요.

거기다 너무 많은 인공관절 수술로 전체적으로 재생이 불가능한 지경이군요.

그럼 여기서도 방법이 없단 말이오?

우리 병원은 최첨단 기술이 모두 모인 병원이라구요.

그래서 고친다는 거요, 못 고친다는 거요?

인간이 하는 수술로는 못 고칩니다.

세계에서 최고라더니 순전히 허풍이로구만.

벌떡!

윽!

삐끗!

조심하세요.

휘청

털썩

일단 통증부터 해결해야겠군. 진통 광선 발사!

에고고~

지지직!

으~

으~

...

통증이 거짓말처럼 사라졌어!

대체 어떻게 하신 겁니까?

흔들

흔들

레이저로 염증 부위를 일단 진정시켰어요.

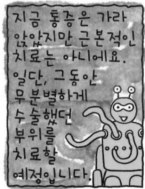

지금 통증은 가라앉았지만 근본적인 치료는 아니에요. 일단, 그동안 무분별하게 수술했던 부위를 치료할 예정입니다.

그리고나서 인공 관절이 아닌 한스 씨 본인의 관절을 줄기세포를 이용해 만들어 이식시킬 겁니다.

그 방법도 벌써 써봤는데 효과가 없었어요.

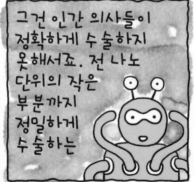

그건 인간 의사들이 정확하게 수술하지 못해서죠. 전 나노 단위의 작은 부분까지 정밀하게 수술하는

지구 최고의 최첨단 로봇 의사 옥토봇인 것입니다!

짜잔!

그럼 다시 통증 없이 걸을 수 있는 건가요?

샤방

샤방

뛸 수도 있게 만들어 드리죠!

가이드 로봇, 일단 입원실로 모시게.

이제 새로운 인생을 위한 첫걸음이 시작됩니다.

정교한 손놀림으로 수술하는 로봇 의사

　　한 치의 오차도 허용하지 않는 정교한 수술, 사람의 생명은 의사의 손 끝에 달렸지요. 하지만 사람은 감정의 동물이기에 실수를 하기도 하지요. 그러나 로봇 의사들은 떨리거나 당황하지 않기 때문에 이 같은 실수는 저지르지 않아요. 정확하게 말하면 의사를 보조하는 수술용 로봇이지만, 의사가 지시하는 대로 한 치의 오차도 없이 꼼꼼하고 정확하게 수술을 해내서 지금은 큰 각광을 받고 있어요. 미래에는 로봇 의사가 등장해 우리의 병을 고쳐줄지도 몰라요.

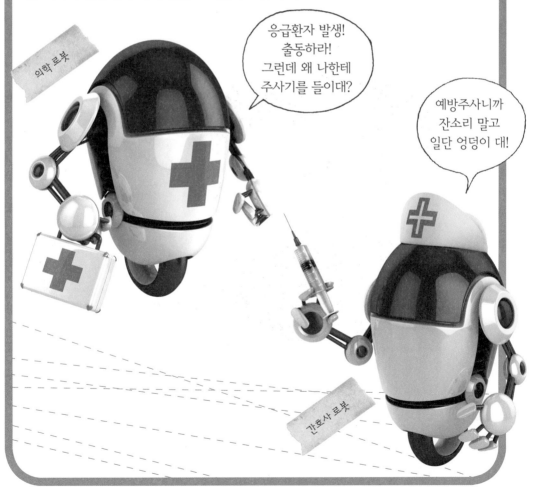

의사는 원격조정 하고, 로봇 팔은 수술하고

의사가 로봇 팔을 원격 조정해 수술 과정의 일부 혹은 전부를 책임지는 수술용 로봇 다빈치는 처음 만든 미국은 물론 이미 우리나라에서도 쓰이고 있어요. 힘들고 위험한 수술의 동반자인 셈이죠. 의사는 다빈치가 보여주는 세밀한 영상을 직접 눈으로 보고 수술을 담당하고, 다빈치는 정교한 동작으로 수술을 진행하지요. 다빈치 로봇은 시야를 10배 정도 확대하는 게 가능한데다 떨림이 없고, 사람의 손목과 같이 자유자재로 움직일 수 있어요. 또 수술 절개 부위가 작아 출혈도 적고, 수술시간 이 짧은 장점이 있대요.

is사의 로봇
수술기계 다빈치

몸속을 돌아다니며 병을 고치는 나노로봇

몸에 메스를 대지 않고도 수술을 할 수 있다면? 몸 안에 직접 작은 로봇이 들어가 수술을 하거나 병을 치료할 수 있다면? 나중에는 이 같은 일이 정말 가능해질지도 몰라요. 로봇과학자들은 나노로봇이 만들어진다면, 직접 사람 몸에 들어가 병원균을 찾아내 죽이거나 상한 부분을 치료해 주고, 작은 수술도 할 수 있다고 말해요. 나노로봇은 머리카락의 10억 분의 1정도 크기의 로봇을 뜻하지요. 핏줄 속을 돌아다닐 만큼 작고, 주사나 알약을 통해 사람 몸속으로 들어갈 수 있다니, 정말 신기하죠?

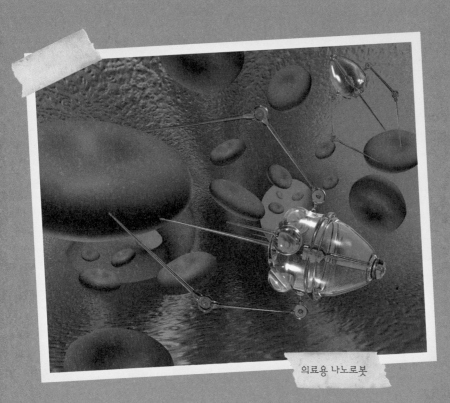

의료용 나노로봇

마가렛의 눈물

휴머노이드 로봇이란 무엇일까요?

　　마가렛처럼 인간과 구별이 안 되는 로봇은 아직 없어요. 그러나 기계처럼 만들어졌던 옛날 로봇과는 달리, 인간처럼 생긴 로봇도 있어요. 이를 휴머노이드 로봇이라고 불러요. 휴머노이드 로봇이란, 머리와 몸통 그리고 팔과 다리가 있어 두 발로 걷는 인간처럼 생긴 로봇을 말해요. 오늘날 과학자들은 점점 더 인간과 비슷한 휴머노이드 로봇을 개발하고 있어요.

　　과학기술이 더욱 발전해, 나중에는 인간과 구별이 안 될 정도로 똑같은 휴머노이드 로봇이 만들어지면 어떤 일이 생길까요? 어느 것이 인간인지, 로봇인지 구별이 안 돼서 곤란한 일이 생길지도 몰라요.

휴머노이드 로봇

세계 최초의 휴머노이드 로봇

세계 최초의 휴머노이드 로봇은 와봇-1(Wabot-1)이에요. 일본 와세다 대학교의 가토 이치로 교수팀은 1973년, 두 발로 걷는 최초의 인간형 로봇 와봇-1을 개발했어요. 팔과 다리, 그리고 인공 눈과 입을 가진 와봇-1은 두 발로 걷으며 사물을 인식하고, 미리 입력된 간단한 질문에 대답도 할 수 있지요. 하지만 이 로봇을 완전한 인간형 로봇이라고 하긴 어려워요. 부자연스러운 걸음걸이와 사람이 미리 만들어

와봇

놓은 질문에만 대답할 수 있기 때문이죠. 하지만 이를 시작으로 더욱 인간과 닮은 로봇이 여러 나라에서 만들어지고 있어요.

피아노 연주를 하는 로봇

사람처럼 피아노 연주를 하는 로봇도 있어요. 1973년, 세계 최초의 휴머노이드 로봇인 와봇-1(WABOT-1)을 만든 일본 와세다 대학교의 가토 이치로 교수팀은 1984년에 더 똑똑해진 로봇인 와봇-2를 만들었어요. 와봇-2는 직접 눈으로 악보를 읽으며 피아노 연주를 하는 로봇이라서 눈길을 끌었어요. 하지만 이 로봇은 일어서지는

못하고 앉아서 연주만 할 수 있대요. 사람들과 대화를 나누며, 같이 노래도 부르는 와봇-2는 개인용 로봇의 선두주자예요.

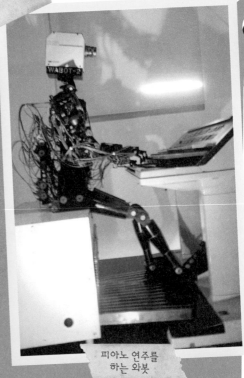

피아노 연주를 하는 와봇

맨발의 달리기선수, 아시모

맨발로 달리기를 하면 발이 아파서 오래 달리기는 힘들지요. 근데 맨발로도 달리기를 잘하는 로봇이 있어요. 일본 혼다에서 2000년 11월에 개발한 아시모랍니다. 그동안 걷는 로봇은 있었지만, 아시모처럼 뛰는 로봇은 드물었어요. 그런데 이 로봇은 단순히 달리기만 잘해서 인정받는 건 아니에요. 로봇이 평평한 땅이 아닌 계단을 오르내리는 건 매우 수준 높은 기술을 요하는데 아시모는 어려움 없이 계단도 오르내린답니다. 계단을 오르내리면서 아는 사람을 만나면 손을 흔들며 반갑게 인사를 한답니다. 정말 귀엽겠죠?

아시모

14. 우리나라 휴머노이드 로봇

만능소년 성훈이

자, 번호 순으로 한 명씩 나와서 성적표 받아가요.

오, 노~

에휴~

어우~

만능소년 윤성훈, 또 1등이냐?

뭐야, 또 올백이야, 헐!

윤성훈 너 대체 얼마나 공부를 하기에 맨날 백점이냐?

나 공부 안 하는데.

거짓말! 공부를 안 하는데 어떻게 백점을 맞냐?

공부 좀 하는 애들은 꼭 이러더라. 너 좀 재수없는 거 알아?

정말인데. 난 공부해 본 적이 한번도 없어.

야, 그래도 성훈이는 우리반의 자랑이잖아. 남 질투하는 거, 쿨하지 못해.

미안, 하지만 친구끼리 솔직하지 못한 건 나빠!

나는 왜 공부를 안 하는데도 다 아는 걸까?

걱정도 팔자셔! 난 밤새 공부해도 틀리는 게 수두룩한데, 휴우!

이 녀석 머리에 도대체 뭐가 들었나 열어 볼까?

우리나라에도 휴머노이드 로봇이 있나요?

우리나라에도 휴머노이드 로봇이 있어요. 한국과학기술원(KAIST)의 오준호 교수팀이 2004년 12월에 개발한 휴보(HUBO)가 그 주인공이지요. 키 120cm, 몸무게 55kg인 이 로봇은 우리나라에서 처음 만든 두 발로 걷는 인간형 로봇이에요. 휴보는 몸을 자연스럽게 움직이고, 사람들과 가위·바위·보를 할 수도 있어요. 사람들과 함께 춤을 추고, 손을 잡고 흔들며 반갑게 악수도 할 수 있지요. 인간형 로봇 휴보의 탄생으로 우리나라가 로봇 강국 이라는 걸 전 세계에 알렸지요.

휴보

우리나라 최초의 휴머노이드 로봇, 센토

우리나라에서 처음 만들어진 휴머노이드 로봇 센토는 사실 완전히 사람처럼 생기지는 않았어요. 허리 위는 사람이지만, 허리 아래는 다리가 네 개라 말처럼 생겼거든요. 1999년 한국과학기술원의 김문상 박사가 개발한 센토는 손을 자유롭게 움직일 수 있어요. 또 시각, 청각, 촉각을 가지고 있고, 생각할 줄도 아는 로봇으로 우리나라 휴머노이드 로봇 시대를 연 선두주자이지요.

센토

사람을 닮아 더욱 친해질 수 있어요!

커플 로봇 마루와 아라의 탄생

2005년 우리나라에서 만든 한 쌍의 휴머노이드 로봇 마루와 아라는 커플로봇이에요. 남자 로봇인 마루와 여자 로봇인 아라는 무거운 뇌를 머리에 달고 있던 옛날의 휴머노이드 로봇과는 달리 무선으로 컴퓨터와 연결돼 있지요. 로봇끼리 네트워크를 통해 서로 지식을 나누고, 힘을 합해 더 많은 일을 할 수 있어요. 마루와 아라는 주인을 알아보고 다가와 악수를 하는 똑똑한 로봇이에요.

아라

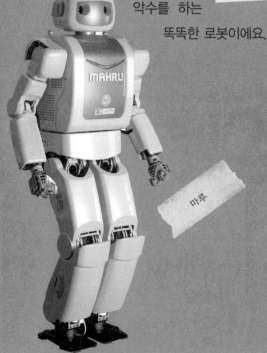

마루

91

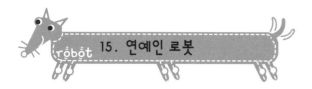

월드스타 '제로드'

전화 안 받아요? 제로드 씨, 대체 어쩌려고 그래요?

시간은 내가 정하는 거야. 기다리라고 해.

이러다 CF 다 취소돼요.

내가 이거 아니면 찍을 광고가 없는 줄 알아?

제로드는 이제 섭외 기피 1순위예요. 자꾸 이러면 대중들도 등을 돌릴 거예요.

누가 감히 월드 스타 제로드에 등을 돌려?

벌써 콘서트도 다섯 건이나 취소됐어요.

그건 당신이 무능해서 그런 거 아냐?

아니 어떻게 내게 그런 말을….

아, 됐고. 나 좀 쉴 테니 나가 봐.

계속 푹 쉬시죠. 나도 그만두겠어요.

어 어, 그냥 나가면 어떡해? 충전은 시켜 주고 가야지.

월드스타가 뭐가 부족해서 내게 부탁을 한다지.

야, 어서 충전 안 시켜줘?

충전, 충전 좀….

미래의 아이돌은 로봇?

미래에는 소녀시대, 2NE1 같은 아이돌을 뛰어넘는 아이돌 로봇이 등장할지도 몰라요. 매력적인 외모와 뛰어난 공연 실력을 갖춘 로봇이라면, 인간이 아니라고 해서 사람들의 사랑을 못 받는 건 아니겠죠? 2010년, 일본 도쿄에서 열린 디지털 콘텐츠 엑스포에서는 춤추는 로봇 소녀가 등장해 화제를 불러 모았어요.

춤추는 소녀 로봇 HRP-4C의 춤 실력은 아직 사람보단 서툴러요. 춤 동작이 약간 뻣뻣하고 단조로웠거든요. 하지만 관객들은 로봇 소녀의 공연에 아낌없는 갈채를 보냈어요. 일본 산업기술종합연구소와 도쿄 대학교의 IRT 연구소가 함께 제작한 HRP-4C는 해외 언론과 네티즌의 주목을 받고 있지요.

춤추는 로봇 소녀
HRP-4C

세계 최초 휴머노이드 로봇 가수는 누구?

노래하는
에버투 뮤즈

에버투 뮤즈는 세계 최초로 만들어진 안드로이드 연예인 로봇이에요. 노래하고 춤추는 로봇으로, 2006 로보월드에서 발라드곡 '눈 감아 줄게요'로 정식 데뷔 무대를 갖기도 했어요. 그러나 사실 노래는 직접 부르는 게 아니라 입만 벙긋거리며 흉내만 내는 거예요. 그래도 춤은 진짜 출 수 있는데, 온몸에 60개의 관절이 있어서 이 관절들을 움직이며 다양한 춤을 선보이는 것이랍니다. 우리나라의 한국생산기술연구원에서 만든 것으로, 키 161cm에 몸무게 60kg, 실리콘 재질의 인공 피부를 갖고 있어 진짜 사람 같아요.

나랑
댄스 배틀
붙을 사람 나와
보라구!

아싸!
내 몸엔 세상
모든 음악이
입력되어
있다구!

96

만능 엔터테이너 로봇 여배우 에버

여느 연예인 못지않은 인기를 누리며 바쁜 일정을 소화하고 있는 연예인 로봇도 있어요. 2008년 국악무대에서 첫선을 보인 안드로이드 여배우 에버예요. 에버는 현재 연극배우, 패션모델, 대규모 전시회 행사 도우미 등 다양한 활동을 하는 만능 엔터테이너예요. 에버는 사람 형체를 모방해 만든 안드로이드 로봇으로 신장 157cm, 몸무게 50kg이고 62개의 관절과 실리콘 복합소재 피부를 지녔지요. 기쁨과 슬픔, 두려움, 혐오 등의 표정이 가능해요. 허리를 굽히며 인사하는 자세까지 가능하지만 움직이지는 못하지요. 그러나 쉴 새 없이 바쁜 일정을 보내는 인기 많은 미녀 로봇 배우랍니다.

로봇 여배우 에버의
국악 공연 모습

월드 로봇 베이스볼 클래식

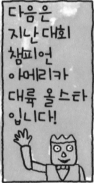

그런 허약한 팔로 배트나 들겠냐?

턱

29

76

ㅋㅋㅋ

놔! 놓으란 말이야!

휙

비틀 비틀

76

확

놓다. 어쩔래?

카카카카카카

이거 꼬맹이들이랑 경기를 해야 하다니, 쑥스럽구만.

꼬맹이라구? 그 말 취소 못해?

불끈

76

참아. 경기에서 우리 실력을 보여 주자구.

76

54

너~ 각 팀의 신경전이 대단하군요. 유럽 대륙 올스타를 끝으로 모두 입장 하였습니다.

야, 김수영. 넌 어느 팀 응원할 거야?

나야 아시아 사람이니까 당연히 아시아 올스타를 응원하지. 넌?

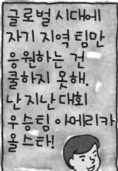

글로벌 시대에 자기 지역 팀만 응원하는 건 쿨하지 못해. 난 지난 대회 우승팀 아메리카 올스타!

야, 조용히 해. 댄스 로봇 티어리다! 와~

벌떡

어디? 와, 진짜다. 시구를 하려나 봐.

으라차!!

휘익

아니 이런!

톡!

데구르르

어어나, 이를 어째!

비비적

난처난처

괜찮아! 괜찮아

드디어 월드 로봇 베이스볼 개막 경기가 시작됩니다. 개막전의 상대는 전년도 우승팀 아메리카 대륙과 아시아 대륙 입니다.

아시아팀 이겨라!

아메리카 파이팅!

아메리카팀의 선공! 1번 타자 빅풋! 아시아팀의 투수는 겔빨라, 와인드업.

휘익

오우! 엄청난 스피드, 시속 300킬로미터입니다.

스트라이크!

팡

헉!

스트라이크!

스트라이크 아웃!

헤롱 헤롱

공이 안 보여

와! 아시아팀 겔빨라 최고다!

2번 타자 번팅봇도 삼구삼진입니다.

스트라이크 스트라이크 스트라이크

아~ 창피해!

다음 타자는 3번 타자 홈런봇.

와~ 와~

와~

와! 세계 최고의 슬러거 홈런봇이다. 한방 날려 버려!

후후후, 꼬맹이 녀석, 제법이군 하지만 내겐 안 통할걸.

겔빨라, 강속구를 던집니다.

칠 테면 쳐보라궁.

휘익~

힘차게 배트를 휘두르는 홈런봇.

후이익

슉

과연 결과는 어떻게 될까요?

? ?

로봇은 어떻게 축구경기를 할까요?

로봇이 겨루는 축구대회도 있어요. 그러면 로봇은 어떻게 축구경기를 할까요? 로봇 축구는 작은 경기장에서 3~7대 정도의 조그만 축구 로봇이 한 팀을 이뤄 경기를 해요. 작은 공을 골문에 넣으면 점수를 따는 거예요. 그럼 로봇 축구 선수들은 어떻게 움직일까요? 로봇 축구 선수들은 지능형 로봇이지요. 그래서 사람이 미리 컴퓨터로 짜 놓은 작전 프로그램을 몸 안에 갖고 있답니다. 로봇 축구 선수들은 눈 대신 위쪽에 카메라가 달려서 사람들이 경기장과 선수들의 움직임을 한눈에 보며 프로그램을 변경하거나 새로운 작전 지시를 할 수 있는 거예요.

로봇 축구 경기

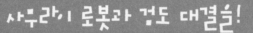

사무라이 로봇과 검도 대결을!

로봇과 검도 대결을 펼친다면, 과연 승자는 누가 될 까요? 만약 원하기만 하면 멋진 한 판 승부를 겨룰 수 있어 요. 검도 연습을 도와주는 로봇 무사가 있기 때문이죠.

무사는 키 163cm, 몸무게 70kg의 로봇이에요. 도복을 차려입고, 호구까지 쓰면 사람인지 로봇인지 구분이 안 될 정도로 정교하답니다. 그럼 무사의 실력은 어느 정도일까요? 이 로봇 몸에는 상대방의 몸에 붙은 마커를 통해 움직임을 알 수 있는 비전 센서와 상대방의 거리와 위치를 알 수 있는 레이 저 센서 및 적외선 센서 등이 있고, 팔에 가해지는 힘을 측정 할 수 있어서 실제 검도선수처럼 적절하게 반응한답니다. 그 래서 사람과 검도 대결이 가능하죠. 게다가 칼로 내리쳐서 초를 건드리지 않고 촛불까지 끌 수 있는 고수죠. 쉽게 지치 지 않아서 좋은 연습상대이지만, 만약 제대로 대결을 펼친다 면 쉽게 이길 수 있을까요?

검도연습용
로봇 MUSA

로봇의 월드컵, FIRA

세계 축구대회의 꽃이 월드컵이라면, 로봇계의 강자를 가리는 축구대회인 로봇월 드컵도 있어요. 여러 나라 로봇들이 참가해 실력을 겨루는 로봇대회지요. 사실 축구 로봇은 우리나라에서 처음 만들었어요. 1995년, 한국과학기술원에서 만든 축구 로 봇들이 처음 축구대회를 시작했답니다. 이에 자극받은 여러 나라에서 축구 로봇을 만들면서 로봇월드컵(FIRA)이 탄생했어요. 아시아, 태평양, 북아메리카, 남아메리카, 유럽 등 4개 대륙에서 치열한 예선을 거쳐 우승한 나라만 본선 대회에 참가해요. 우

야, 나한테 패스해!

강슛!

막아!

태클!

리나라에서 처음 시작한 로봇축구가 지금은 세계 51개 나라에서 참여하는 국제적인 월드컵으로 발전해 전 세계 사람들의 사랑을 받고 있답니다.

로봇들의 올림픽, 국제로봇올림피아드

로봇들도 올림픽에 출전해 자기의 기량을 뽐내지요. 실제로 1999년부터 한국과학기술원은 해마다 국제로봇올림피아드를 열고 있어요. 국제로봇올림피아드에는 로봇 미로 찾기, 장애물 경주, 로봇축구, 로봇 서바이벌, 로봇 응급구조 등 여러 가지 경기가 벌어져요. 또 어린이들이 직접 로봇을 만들어 참가할 수 있는 로봇 창작 대회도 열리지요.

국제 로봇
올림피아드

네가 로봇이라고?

뭐야? 저리로 가란거야?

띵 똥

믿기는 힘들지만 네가 가리키는 곳으로 일단 가보자. 에구구, 똥들이 문 열라고 난리다.

에고고~ 대체 어디냐?
뿌직 뿌직
비비적 비비적

뚜우 뚜우
WC

오~ 달콤한 화장실 향기~
급하다 급해!
훌러덩
벌컥

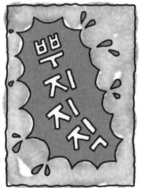
뿌지지지

뿌직 삐직
우우우우
부르르

휴우~ 한번더면 바지에 쌀 뻔했어.
스멜 스멜
구리구리

허걱! 휴지가 없잖아!

이걸 어쩌지? 뭘로 똥을 닦지?

부으으으아앙

저 저건 휴지?

휴지 투하!

휘이잉

턱

정말 다행이야. 고마워, 잠자리야.

쓱싹쓱싹

어떻게 잠자리가 저럴 수 있지. 신기하네.

쏴아아아~

잠자리 로봇 정도에 놀라다니.

허걱! 사슴벌레가 말을 하네.

어서 수건이나 받아. 무거워 죽겠네.

타올

어, 미안! 근데 곤충이 어떻게 말을 하지?

난 곤충 로봇이야. 잠자리도 그렇고.

아까 그 잠자리도 로봇이었어? 어쩐지….

잠자리뿐만 아니라 다른 친구들도 많아. 얘들아 다 나와.

샤샤샤 샥

샤샤샥

으으으~

안녕, 우린 바퀴벌레 로봇이야.

오 노! 이건 분명 꿈일 거야.

106

바퀴벌레 로봇은 왜 만들었을까?

바퀴벌레를 본뜬 로봇도 있어요. 그런데 사람들이 싫어하는 바퀴벌레를 왜 로봇으로 만들었을까요? 인스봇이란 이름의 바퀴벌레 로봇은 바퀴벌레를 잡기 위해 만든 로봇이에요. 진짜 바퀴벌레들도 친구로 여길 만큼 바퀴벌레와 똑같이 생겼어요. 인스봇은 친구들과 이야기를 나눌 수도 있지요. "얘들아, 맛있는 먹잇감이 있는데, 나를 따라올래?"라고 말해 바퀴벌레들을 이끌고 밝은 곳으로 나오는 것이지요. 그러면 우리가 약을 뿌려 바퀴벌레들을 잡는 거지요. 그런데 인스봇은 어떻게 바퀴벌레들과 얘기를 나눌 수 있을까요? 곤충은 말 대신 페로몬이라는 화학물질을 내뿜어 의사소통을 하거든요. 이 페로몬을 써서 진짜 바퀴벌레들을 바깥으로 이끄는 거예요. 인스봇은 사람들의 스파이 노릇을 하는 로봇이에요.

인스봇

하늘을 나는 로봇 새

하늘에서 날개를 펄럭인다고 다 새는 아니에요. 정말 새처럼 생긴 로봇 사이버드도 있으니까요. 사이버드는 사람이 타지 않아도 되는 무인 비행기예요. 전쟁 중에 날개를 펄럭거리며 하늘을 가르는 사이버드, 홀로 전투도 하고, 정찰하며 적군의 정보도 모아 온답니다. 다른 로봇들과는 진짜 새처럼 생겨서 적에게 들킬 염려도 없는 게 큰 장점이죠.

사이버드 로봇

정말 새랑 똑같이 생겼네!

생명체를 본뜬 로봇들

과학자들은 로봇을 만들 때 살아있는 생명체를 닮은 로봇을 만들기도 해요. 로봇들이 점점 인간을 닮아간다는 것도 그렇지요. 과학자들은 인간 말고도 다양한 곤충을 관찰해 로봇에 응용하고 있어요. 작은 날개로 날아다니는 곤충을 보고 로봇의 날개를 구상하고, 수많은 다리로 기어 다니는 곤충에게서는 로봇의 다리와 관절을 구상하지요. 실제로 인공근육처럼 늘어나는 섬유인 메탈머슬로 만든 나비 로봇도 있어요. 박수소리나 진동에 진짜처럼 날개를 퍼덕이는 모습은 정말 신기하지요.

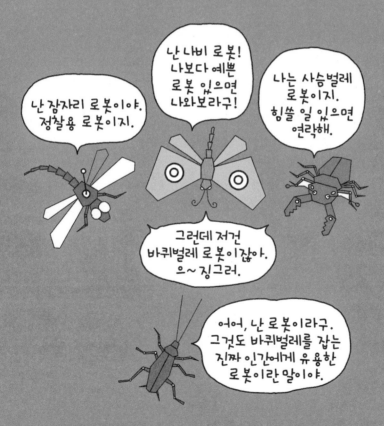

18. 보안 로봇

안전 지킴이 '세프티'

우릴 여기 모이게 한 이유가 뭔가?

자자, 일단 여기 모인 사람들을 먼저 소개하지.

여기 검은 모자는 금고 열기의 달인 조셉.

여긴 보안장치 해제의 달인 천재 해커 존슨.

천하장사 행동대장 크리스.

어디든 타고 오르내릴 수 있는 스파이더 걸 세리나.

그리고 이 일을 좋게 연출할 나, 릭. 이 정도 멤버면 어느 은행도 우리 것으로 만들 수 있지.

내가 물으려고 했는데.

그래, 어딜 털 계획인가?

온뱅크!

온뱅크!

온뱅크? 거긴 보안이 세계 최고야. 안돼!

여기 세계 최고의 팀이 모였어. 자넨 자신이 최고라 생각하지 않아?

쩡긋

내가 열 수 없는 금고는 없어!

하하하, 당연하지. 이런 최고의 멤버로 불가능한 건 없다고.

한탕 근사하게 해서 평생 편하게 살아보세.

그래, 한번 해보자고.

좋아, 화이팅!

자, 이것이 온뱅크의 설계도야.

CCTV 뒷뜰
금고
2차 잠금통
1차 잠금통
CCTV
순찰
경비실

헐~ 이런 허접한 설계도로 온뱅크를 털겠다고?

내가 그림 솜씨가 좀 없지. 헤헤헤.

긁적 긁적

어쨌든, 존슨 경비 시스템 문제는?

해킹으로 시스템을 완전 무력화시켰지.

번쩍

경비원들은 이 주먹에 알기라고.

유연함을 이용해 최종 장벽인 레이저 시스템을 끌 거야.

쭈욱

오~ 대단해!

오케이. 자세한 작전 내용은 차를 타고 가며 설명하지. 출발하자고.

우루루루~

이거 너무 싱거운 거 아니냐?

번쩍 번쩍
GOLD

크크크! 온뱅크도 별거 아니구만.

우하아! 하하하!
ON

그러게 말이야. 진작 털걸!

지이잉~

쉿! 누군가 우릴 보는 것 같아.

두리번 두리번
?

보긴 누가 봐. 경비원 놈들은 이 몸이 다 처리했다고.

불끈 불끈

엉줘라, 도둑놈들아!

SAFTY

웬 깡통이 말을 하네, 참나.

뭐든 우리 앞을 가로막는 건 용서 못해.

휘익

ONBANK

등치기
퍽
윽!
SAFTY
턱
발걸기

너희들은 포위됐다, 모두 꼼짝마라!

헐~

ONBANK

이런, 인공지능 보안로봇이 있는 걸 몰랐어.

털썩

망했다!

쿵! 쿵!

안전은 나 세프티가 책임진다, 허허.

SAFTY

순찰 로봇 모스로는 사람들의 안전을 책임져요

모스로는 공항, 기차역, 상가, 공장 등 실내 장소를 순찰하기 위해 만든 보안 로봇이에요. 간단한 긴 원통형 막대기 모양인 이 로봇이 모양처럼 단순해 보인다고요? 카메라와 마이크, 움직임을 감지하는 고성능 센서, 그리고 가스 및 연기를 탐지할 수 있는 센서가 240개나 된답니다. 또한 지문 인식 기능을 가지고 있으며 20개의 언어를 사용해 여러 나라 사람들에게 위험을 알릴 수 있어요. 단순해 보이는 겉모습과 달리 매우 꼼꼼하고 고도의 다양한 기술을 가진 똑똑한 로봇이랍니다.

공원을 지키는
순찰로봇

사고나 테러를 감시하는 산업용 로봇

모스로의 친구 로봇인 오프로는 외부를 감시하기 위해 만들어진 로봇이에요. 이 로봇은 공항이나 군대 주변 그리고 산업용 공장지대 등 언제 어느 때 사고나 테러 등이 발생할지 모르는 곳을 지키는 거예요. 이 로봇 머리는 360도로 회전할 수 있는 센서들로 가득 차 있어요. 이 로봇은 비, 바람, 눈과 같은 악조건 속에서도 끄떡 없이 견딜 수 있답니다. 게다가 바퀴에는 레일이 있어 거칠고 구불구불한 곳도 빠르고 안전하게 움직일 수 있어요.

보안 로봇

침입자는 그냥 못 보내는 로봇, 로바트 2

침입자를 감시하고, 침입자가 들어오면 공기총을 발사하는 로봇도 있어요. 바로 미국 해군이 만든 로바트2예요. 1980년 처음 만들어진 로바트1보다 더욱 발달한 로봇이죠. 이 로봇을 만들 때 가장 신경 쓴 부분은 '각 상황에 따라 위험순위를 어떻게 정하느냐?'였대요. 그래야 위기 상황에 맞게 적절하게 대응할 수 있거든요. 무선으로 원격 조정이 가능한 이 로봇은 카메라와 적외선 센서 그리고 공기총으로 무장하고 있어요. 게다가 뒷면에는 방향을 전환하기 위한 바퀴가 달려있고 팔의 맞은편에는 후방 감지 센서가 장착되어 있답니다. 이 정도 로봇이라면 무자비한 침입자들도 살 떨려서 함부로 침입할 수 없겠죠?

미군 경비 로봇으로
유명한 MDARS

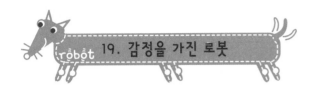

울고 웃는 로봇

멍~

헤이 보이! 댄스 위드 미? 오예, 오예.

애들한테 전화 없었어?

오예 비비

리모콘 좀 그만 눌러요! 정신 사납구만.

휙

휴! 사는 낙이 없네, 낙이 없어.

별러덩.

애들이 같이 이민 가잘 때 가자니까.

아~ 테레비도 재미없고, 지루해~

여끼, 이 사람아. 이 나이에 외국 가서 어떻게 살아?

그럼 전화를 하면 될 거 아니유?

나보고 바쁜 애들한테 전화질이나 하란 말이야!

그러면서 전화는 왜 달래?

쯧쯧, 어쩜 저리 답답할까.

따르르릉.

현태 애비냐? 응 그랴 그랴... 니 아버지가 적적해서 아주 난리가 아니구나. 응 그랴... 응응...

?

뭐래? 한번 온대?

거기가 어딘데 여길 와요. 뭘 보낸다니 한번 기다려 보시구랴.

뭘 보낸다구? 뭘? 뭔데?

며칠 후

띠딩동!

택배 입니다.

띵동!

117

다양한 감정표현을 하는 귀여운 친구 로봇, 키스멧

　　사람들의 친구가 되어주는 애완 로봇의 등장에 이어 이제는 다양한 감정 표현을 하는 로봇도 나타났어요. MIT 미디어연구소의 신시아 브리질이 개발한 키스멧이 바로 그 주인공이죠. 키스멧은 눈꺼풀과 눈썹, 분홍색 귀, 그리고 입술에 따로 붙은 모터를 움직여 온갖 감성표현을 한다. 만약 주인이 놀리면 얼굴을 찌푸리며 고개를 돌리고, 부드럽게 달래주면 꾸벅꾸벅 졸아요. 사람들이 선물을 주면 어린애처럼 해맑은 표정을 짓기도 해요. 게다가 이 로봇은 귀여운 몸짓과 초보적인 대화능력까지 갖춰 잠시라도 이 로봇과 함께한 사람들은 상대가 로봇이란 사실조차 잊어버린대요. 정말 귀엽고 사랑스러운 로봇 친구죠?

키스멧

미소를 짓는 아인슈타인 로봇

얼마 전 미국에서 만든 알버트 아인슈타인 얼굴 로봇은 여러 가지 감정을 표현할 수 있어요. 고개를 돌려 사람과 눈을 맞추고, 미소를 짓는 등 인간과 교감을 할 줄 아는 로봇이에요. 머리와 어깨, 상반신은 고무로 만들어서 사람 얼굴처럼 자연스러워요. 또 움직이는 눈, 하얀 머리, 콧수염까지 생전 아인슈타인의 모습을 그대로 따라한 게 재미있어요. 이 로봇은 약 48개의 얼굴 근육을 사용했는데, 얼굴 근육에는 32개의 모터가 쓰였고, 눈동자 속에는 3개의 카메라도 설치돼 있어요. 자신의 감정을 표현할 줄 알아서 '감성로봇'으로 불려요.

아인슈타인 로봇

파로와 친구가 되면 우울증도 사라져

　요즘 많은 사람들은 외로움과 우울증에 시달리고 있어요. 이런 사람들에게 일본에서 개발한 치료용 로봇 파로가 큰 힘이 되고 있대요. 아기 물범처럼 생긴 파로는 복슬복슬한 털을 가지고 있어 정말 귀여운 애완동물처럼 생겼어요. 주인에게는 둘도 없는 절친한 친구가 되어주어 정서적 안정에도 도움을 주고 있지요. 또 주인과 오래 지낼수록 주인과 성격도 닮는대요. 진짜 애완동물처럼 털을 날리지 않으니 알레르기 문제도 안 생기죠. 또 아파트 같은 공동주택에서도 기를 수 있어서 환영받고 있대요.

애완로봇 파로

대호의 단짝친구

나는 올해 열두 살이야.

야, 이리로 패스해!

막아!

크크크! 저 녀석 바지 벗겨졌다!

학교에 다녔다면 초등학교 5학년이었을 거야. 하지만…

흥! 어림 없다!

영후야 패스!

오케이! 간다~

나는 혼자서는 꼼짝도 못해.

엄마는 아침밥을 차려 주고 출근 하셔.

대호야, 이따 밥 잊지 말고 꼭 먹어!

이크! 늦었다.

후다닥

아빠가 없는 우리집은 엄마가 돈을 벌어야만 해. 그래서 난 하루 종일 혼자야.

흥~

어린이 여러분, 집에서 컴퓨터만 하지 말고 바깥으로 나와서 신나게 뛰어 노세요.

MBS NEWS

뿅 뿅 뿅

흥~ 신나게 뛰어 놀라고?

HIGH SCORE 87925
65324

탁탁탁

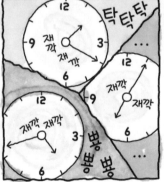

탁탁탁

재깍

재깍

재깍 재깍

뿅 뿅

조용~

122

장애인을 돕는 재활로봇

한국과학기술원에서 만든 재활 로봇 카레스는 장애인이 혼자서 하기 힘든 일을 도와줘요. 밥 먹기, 세수하기, 바닥에 떨어진 물건 집기, 불 켜고 끄기 등을 대신 해 주지요. 이밖에도 몸이 불편한 장애인들이 편하게 움직일 수 있도록 도와주는 가정용 재활 로봇도 나왔지요. 재활 로봇에 앉으면, 손쉽게 물건을 잡거나 몸을 움직일 수 있어요. 이와는 다르게 직접 로봇 팔이나 로봇 다리를 몸에 잇는 방법도 있어요. 사람 뇌에서 나오는 전기신호로 움직이는 로봇 팔, 다리는 훨씬 정교해요. 그래서 손목을 구부리거나 손가락을 펼치는 일도 자유롭게 할 수 있어요.

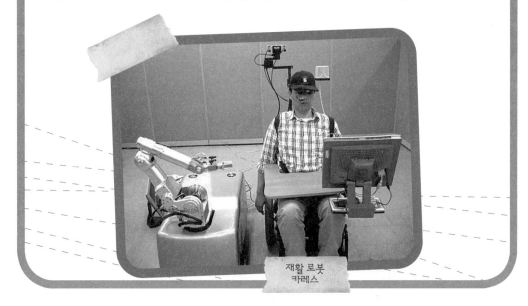

재활 로봇
카레스

실버도우미 로봇도 있어요

한국과학기술원에서 만든 티롯은 실버도우미로 안성맞춤이에요. 움직이기 불편한 노인이나 장애인을 위해 음료를 따라 날라주는 등 심부름을 해줘요. 손끝에 인공 피부를 달아 촉감을 잘 느껴 '촉감 로봇'으로도 불려요. 티롯은 아침에 잠도 깨워주고, 뉴스도 알려주지요. 게임도 함께하고 필요한 공부도 함께 해주는 로봇이에요. 티롯과 함께 지내면 장애인도, 노인도 심심하지 않겠죠?

바텐더 로봇
티롯

음식을 나르는 로봇

얼마 전 우리나라에서 선보인 가사도우미 로봇 마루-제트는 주인의 명령을 듣고 전자레인지 안의 컵을 꺼내거나 음식을 나르는 모습을 보여줬어요. 사람처럼 두 다리로 걷고, 전자 기기의 스위치를 찾아 켜거나 끌 수 있어요. 또 음료수 컵이나 음식 등을 찾아 손으로 집어서 나를 수 있지요. 그동안 도우미 로봇

심부름하는 로봇
마루-제트

은 바퀴 달린 로봇들이 많았는데, 마루-제트는 훨씬 발달된 모델이지요. 몇 년 뒤,
집에서 일 잘하는 가사도우미 로봇을 쓸 수 있을까요?

불끈불끈 힘센 로봇 마사지사

전문 마사지사 로봇의 마사지를 한 번 받아보면 어떨까요? 미국의 드림 로봇 사
가 만든 휘미는 안마 로봇이에요. 인체의 굴곡을 따라 움직이며 마사지를 해주는 휘
미는 장난감 자동차처럼 작고 귀여운 모습이지만, 힘은 장사예요. 로봇에는 네 개의
바퀴가 붙어 있고, 센서가 달려 있어 사람 몸 위에서 움직여도 밑으로 떨어지지 않
아요. 때론 시원하게, 때론 부드럽게 전문가에게 마사지를 받는 것처럼 몸이 편해진
대요.

마사지 로봇 휘미가 사람에게
마사지를 해주는 모습

작은 거인

나노 테크병원
중환자실

이렇게 아파서
어쩌니?

엄마, 나 죽어?

아니야,
절대 아냐!

하지만 나 너무
아파, 엄마.

조금만 참아. 의사
선생님이 널 꼭
고쳐줄 거야.

그럼, 내가
고쳐주고 말고.

오늘 새롬이
몸 속으로 나노로봇을
투입할 겁니다.

아유!
선생님!

나노로봇이 새롬이
몸 속으로 들어가서
나쁜 혹을
없애 줄
거야.

엄마! 로봇을
내 몸에 넣는대.

하하, 나노로봇은 눈에 안 보일 정도로 아주 작고 귀엽게 생긴 꼬마 로봇이야.

아, 예~

나노로봇을 쓰면 수술을 하지 않아도 되고, 정상세포는 그대로 두고 암세포만 죽이므로 치료 효과도 높고 부작용도 아주 적습니다.

선생님만 믿어요.

자, 그럼 우리 시작해 볼까?

새롬아~

엄마~

선생님을 믿고 조금만 더 참자.

꼬옥

쿡!

지이잉

슈우웅

나노로봇 투여!

와! 와! 와! 와! 와! 와! 와! 와! 와! 와!

자, 모두 준비됐지? 출발!

무찌르자!

무찌르자!

새롬이를 괴롭히는 나쁜 암세포를 무찌르자!

엄춰라, 나쁜 병균들아!

너희 백혈구들이지? 우린 병균이 아니야!

암세포를 공격하는 나노캡슐

　　암세포만을 찾아내 공격하는 나노캡슐은, 나노입자 속에 약물을 넣어 병이 난 부분에 가는 약물전달시스템이에요. 캡슐로 된 알약 속에 들어 있다가 캡슐이 녹으면 활동을 시작하지요. 지금 쓰고 있는 항암제는 정상세포와 암세포를 모두 죽이는 부작용이 있지요. 그래서 정상세포는 그대로 두고 암세포만 죽이는 치료제로 나노캡슐이 기대를 모으고 있어요. 암 덩어리가 있는 곳에 인체에 무해한 자석을 심고, 자성이 있는 나노캡슐이 여기로 찾아가도록 하는 방법이에요. 몇 년 후엔 치료제로 쓸 수도 있을 것이라니 기대할 만하죠?

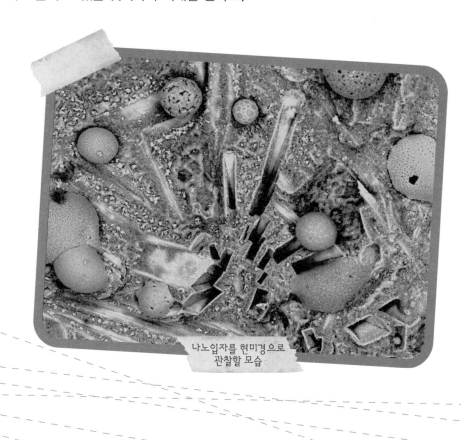

나노입자를 현미경으로
관찰할 모습

심 봉사 눈뜨게 해줄 인공망막 시스템

나노기술이 시력을 잃은 사람에게도 시력을 찾아줄 수 있을까요? 미래에는 이 같은 일이 가능해질지도 몰라요. 안구 안에 아주 미세한 나노단위의 실리콘 칩을 넣은 인공망막 시스템이 연구되고 있거든요. 안경테에 들어있는 외부카메라로 영상을 잡아 전기신호로 바꾼 뒤, 이 신호가 안구 안의 칩으로 전달되는 거지요. 그러면 시각장애인들도 이 영상을 보게 돼요. 안구에 칩을 넣은 뒤, 안경을 쓰고 있으면 정상인처럼 사물을 볼 수 있을 거래요.

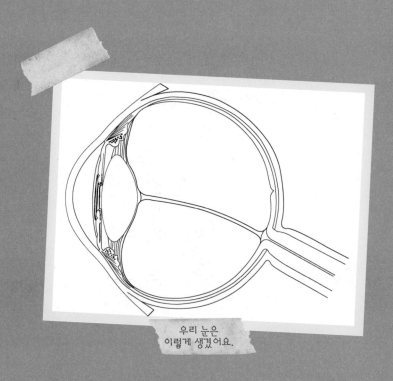

우리 눈은
이렇게 생겼어요.

막힌 혈관 뚫는 초소형로봇

얼마 전 전남대 로봇연구소 박종오 소장 연구팀은 돼지의 혈관 속에 혈관 치료용 마이크로로봇을 넣어 막힌 혈관을 뚫는 실험에 성공했어요. 이 로봇은 지금 1mm, 길이 5mm의 원통 모양 로봇으로, 혈관 속에 넣으면 위치를 알고 이동하고 뚫고 자르고 약물을 원하는 곳에 넣을 수 있어요. 연구팀은 이후 심혈관질환을 앓고 있는 환자의 치료에 이용할 수 있도록 할 계획이래요. 머리에 드릴을 단 초소형로봇이 사람의 혈관에서 움직이는 날이 곧 올까요?

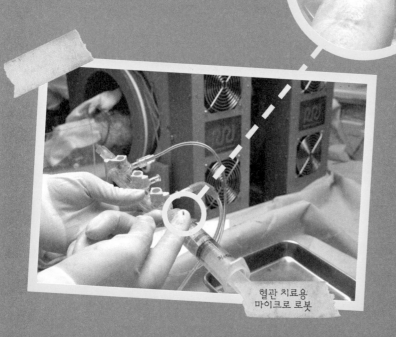

혈관 치료용
마이크로 로봇

금성으로 점프

벤트너 박사, 이게 그 로봇인가?

예, 이번 금성 탐사에 보낼 로봇, 프로기입니다.

그런데 이게 어째... 좀...

무슨 문제라도?

눈은 툭 튀어나오고.

배는 또 왜 저렇게 볼록.

거기다 허벅지는 왜 저리 굵어?

이거 원 탐사로봇이 아니라 개구리구만.

저게 그래도 금성 탐사에 가장 알맞게 만든 로봇이라구요.

360도를 한번에 볼 수 있는 눈이고요.

빙글 빙글

추락시 충격을 최대한 흡수하는 원팩 복부.

그리고 이게 금성 탐사에 가장 중요한 부분인데요, 프로기, 국장님께 보여 드리거라.

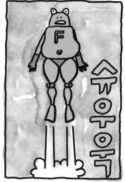

최초의 화성 탐사 로봇, 소저너

1997년 7월 4일, 미국 항공우주국(NASA)은 우주탐사 로봇 소저너 (Sojourner)를 우주왕복선 패스파인더에 태워서 화성으로 쏘아 올렸어요. 이 로봇은 세계 최초의 화성 탐사 로봇이랍니다. 소저너는 화성에서 83일간 머물면서 그곳에 흙이 있는지, 생명체가 살고 있는지 등을 탐사했어요. 화성 탐사의 시작을 알린 소저너, 그 뒤 세계 여러 나라에서 많은 탐사 로봇이 개발되어 우주탐사를 떠나고 있어요.

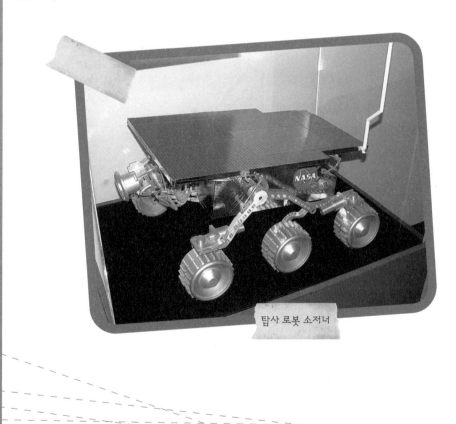

탐사 로봇 소저너

쌍둥이 로봇의 화성 생존기

화성에는 쌍둥이 로봇이 살아요. 미국 항공우주국(NASA)이 2003년에 화성탐사 로봇 '스피리트'와 '오퍼튜니티'를 화성으로 쏘아 올렸거든요. 화성에서 물과 생명체의 흔적을 찾기 위해서죠. 발사된 지 7개월 만에 이 쌍둥이 로봇은 화성의 사진과 영상을 지구로 보내 주어 천문학자들에게 큰 도움을 주었죠. 전문가들은 이 로봇의 수명을 약 90일 정도로 예상했어요. 이 로봇들은 화성의 움푹 파인 구덩이에 빠지고, 다리 한쪽이 고장 나는 등 크고 작은 어려움을 겪었지만, 현재까지도 맹렬히 탐사활동을 벌이고 있어요.

화성탐사
스피리트 & 오퍼튜니티

스피리트가 찍은
화성 표면

보이저 2호, 외계인에게 납치된 걸까요?

2010년 5월 11일, 독일 일간지 '빌드'는 미항공우주국(NASA)의 무인 우주탐사선 보이저 2호가 외계인에 의해 납치된 것 같다고 보도했어요. 보이저 2호가 갑자기 정체를 알 수 없는 이상한 형식의 자료를 지구로 보냈기 때문이죠. 이 자료는 NASA의 과학자들도 해독할 수 없대요. 일부 과학자들은 30년도 넘는 낡은 탐사선이라 '단순 오작동한 것'

보이저 1호

이라고 주장하지만, 독일의 외계인 전문가 하트위그 하우스도프의 생각은 조금 달라요. 외계인들이 보이저 2호를 납치한 후 전송시스템을 자신들의 시스템으로 바꿨다는 주장을 폈어요. 과연 누구의 말이 진실로 밝혀질까요?

보이저 계획

너는 내 영웅

초등학생 때 엄마

우리나라 초초의 로봇 애니메이션 〈로봇 태권 브이〉

　　일본에 마징가 제트가 있으면, 우리나라엔 로봇 태권 브이가 있어요. 1975년, 일본 애니메이션 마징가 제트는 우리나라에서 방영되어 큰 인기를 끌었지요. 이에 우리나라 김청기 감독은 1976년 7월 24일 로봇 태권브이 1탄을 제작했어요.

　　우리나라 최초의 로봇 애니메이션이었어요. 로봇 태권브이는 18만 명이라는 엄청난 관객을 동원하며 마징가 제트의 인기를 단숨에 뛰어넘었답니다.

　　우리의 주인공 태권브이는 그 이름에 걸맞게 태권도 대련 장면을 연상시킬 정도로 세밀한 동작으로 많은 박수갈채를 받았어요.

로봇 태권브이

143

미키마우스를 따라한 아톰?

뽀족 귀에 귀여운 얼굴을 가진 소년 로봇 아톰은 많은 사람의 사랑을 받은 일본 애니메이션의 주인공이에요. 그런데 아톰을 둘러싼 재미있는 사실이 있어요. 아톰을 만든 제작자 데즈카 오사무가 "아톰은 미키마우스를 모방해 만든 것"이라고 밝혔다는 거지요. 그럼 얼마나 닮은꼴인지 비교해 볼까요? 윗옷을 입지 않고 팬티만 걸친 차림, 크고 납작한 구두, 통통하고 야무진 체형, 4개의 손가락이 바로 닮은 점이죠. 가장 큰 공통점은 미키마우스의 귀를 연상시키는 아톰의 날카로운 뿔이죠. 미키마우스의 귀처럼 아톰의 뿔도 어느 방향에서나 두 개로 보인답니다. 생각보다 정말 똑 닮았죠?

월트 디즈니의
미키 마우스

아톰

동화에 등장한 최초의 로봇은 피노키오

1981년, 이탈리아 작가 콜로디의 피노키오에서는 장난꾸러기 어린이로 변신하는 목각 로봇이 나와요. 우리에게 친근한 피노키오랍니다. 피노키오는 동화에 나온 최초의 로봇이자 인간형 목각 인형이지요. 동화가 인기를 끈 뒤, 피노키오는 다양한 장난감과 흥겨운 공연으로 세계 어린이들을 즐겁게 해주면서 인기가 점점 더 커졌어요. 그래서 세계 여러 나라에서 나무로 만든 다양한 모습의 피노키오를 볼 수 있게 됐지요. 하지만 피노키오라는 캐릭터가 사람들에게 널리 알려진 시기는 1930년대에요. 1939년 미국의 월트 디즈니에서 만든 피노키오 캐릭터가 세계 어린이들의 사랑을 받아 피노키오 하면 으레 떠올리는 모델이 되었거든요.

월트 디즈니의
피노키오

청양호 구출 대작전

2015년 12월 17일 밤, 서해 백령도 서쪽 37킬로 지점.

메이데이

휘이이이잉~

쿠르르릉 쾅

메이데이 메이데이 여긴 청양호, 메이데이.

쾅!

우지직!

으아아아악~

어젯밤 서해 백령도 37킬로 지점에서 중국에서 인천으로 오던 여객선 청양호가 침몰했습니다.

MBS의 장세영 기자입니다. 현재 생존자는 있습니까?

내가 먼저 물으려 했는데.

승무원을 포함한 탑승자 165명 전원이 선체와 함께 침몰한 것으로 보이며, 생존 여부는 확인되지 않고 있습니다.

서해 백령도 서쪽 37킬로 지점, 183미터 바닷속

CHUNG YANG

똑똑똑!

똑똑똑!

CHUNG

여기가 어디지?

바닷속이야. 다행히 여기까진 물이 차지 않았어.

하지만 어떻게 나가지?

이러다 모두 죽는 거 아냐?

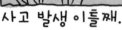

사고 발생 이틀째.

침몰한 청양호에 생존자가 있을 가능성은?

수중을 스캔한 결과 선체가 거의 온전한 상태입니다.

그렇다면 생존자가 있을 수도 있는 건가?

산소가 얼마나 남아 있는가가 문제입니다.

그럼 서둘러서 구조대를 보내게.

흠칫!

쭈욱!

그게... 현재 사고 지점에 파도가 높은 데다 조류까지 거세서 접근이 어려운 상황입니다.

굴적 굴적

그렇다고 이렇게 손 놓고 기다리자는 건가?

거기다 구조대원이 잠수하기엔 수온이 너무 낮습니다.

그렇게 답답하면 자기가 가던가.

휴우~

청양호 선내에 생존자가 있을 가능성에도 불구하고, 정부는 악천후를 이유로 구조를 미루고 있습니다.

웅성 웅성

MBS

청양호 침몰 특별방송

수근 수근

정부는 빨리 구조대를 보내라!

콜 대책위원

생존자를 구출하라!

아이고, 우리 아들 죽네!

할머니, 고정하세요.

죄송합니다. 조금만 기다려 주십시오.

목숨이 위태로운데 언제까지 기다리라는 거냐?

여러분이 이러는 게 사태 해결에 아무 도움이 안 된다고.

산소가 줄어들고 있어. 아, 숨막혀.

구조대는 오지 않나 봐.

아, 이렇게 죽는 건가?

안돼! 이렇게 죽긴 싫어!

사고 발생 사흘째.

147

두둥~

우리 로봇연구소가 청양호 생존자들을 구조하겠소.

쓸데없는 소리로 사람들을 현혹하지 마라.

로봇연구소를 사고 현장으로 보내라!

저런 고철 덩어리로 뭘 하겠다고. 맘대로 하라 그래.

흥! 어디 잘 되나 두고 보자!

백령도 서쪽 37킬로 청양호 침몰지점.

타 타 타 타

반드시 구조하라!

점프!

입수!

슈우욱~

첨벙

헉

깜짝

청양호 발견!

얘네 뭐야?

이상한 녀석들이다!

CHUNG YANG

배를 들어올릴 에어크레인 설치!

꾹

에어 크레인 작동!

들어올리자! 영차! 영차!

영차! 영차!

CHUNG YANG

번쩍!

으쌰! 으쌰!

조금만 더 올라가면 돼! 힘내자!

오케이! 성공이야!

푸앙!

CHUNG YANG

로봇들이 청양호를 구조했습니다. 실종자 전원이 생존한 것으로 보입니다.

와! 만세!

로봇 만세!

남극탐사로봇 노마드

　　남극은 너무 춥고 온통 꽁꽁 얼어 있어서 그 누구도 선뜻 발을 들여놓기 어려운 곳이지요. 하지만 남극은 지구의 생명과 환경변화를 알 수 있는 곳이에요. 남극의 얼음 속에는 우주에서 날아온 운석도 들어 있어요. 하지만 사람들이 연구하기엔 너무 어려운 곳이에요. 그래서 사람들은 장애물을 뛰어넘는 힘이 센 로봇 노마드를 만들어 도움을 받고 있어요. 노마드는 4개의 큰 바퀴가 달려있는 자동차만 한 크기의 로봇으로, 빙하의 얼음조각을 과학자들에게 가져다줘요. 더 신기한 건, 노마드 스스로 그것이 운석인지 아닌지 판단할 수 있다는 거지요.

미지의 대륙
남극

바닷속을 누비는 물고기 로봇

깊은 바닷속을 탐험하는 일은 인간의 오랜 꿈이지만, 사람의 몸은 그곳에서 견디기 힘들어요. 그래서 사람들은 물고기 로봇을 만들었어요. 물고기 로봇은 물속에서도 녹슬지 않고, 높은 압력을 견뎌야 하지요. 우리나라에서 만든 물고기 로봇 로피는 물에 들어가면 보통 물고기처럼 꼬리와 지느러미를

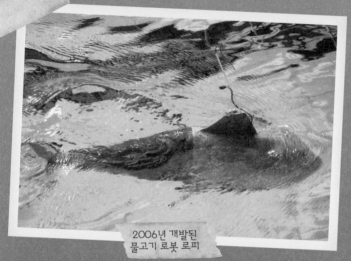

2006년 개발된
물고기 로봇 로피

흔들어요. 생김새도 물고기와 똑같아서 혹시라도 로피를 물속에서 만난다면 아마 깜짝 놀라겠죠?

최근 개발된 익투스

배를 만드는 용접공 로봇

배를 만들 때 가장 어렵고 위험한 작업이 바로 용접이에요. 쇠와 쇠를 이어붙이는 일은 특별한 기술을 요구하는 작업. 특히 커다란 배일수록 작업은 더 힘들어져요. 자칫하면 작업하는 사람이 크게 다칠 수도 있는 위험한 일이거든요. 그런데 얼마 전 대우조선해양에서 사람보다 더 용접을 잘하는 로봇 단디를 개발했어요. 단디는 사람이 작업하기 어려운 좁은 공간에서도 일할뿐더러 인공지능 로봇이라 사람들이 프로그래밍해놓은 어려운 작업을 척척 해내는 재주꾼이에요.

용접 로봇 단디

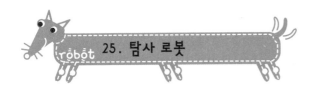

바보 골리앗, 영웅이 되다

25. 탐사 로봇

너의 첫 임무는 아틀란티스 대륙을 찾는 거다, 골리앗!

아틀란티스가 뭐예요?

잃어버린 대륙, 아틀란티스를 몰라?

아틀란티스? 오렌지 맛 건전지인가?

이거 몸체에 너무 돈을 많이 들여서 메모리카드를 싼 걸 썼더니만…

휴우~

큰일이네. 한 시간 후면 기자 회견을 해야 하는데….

이게 지금 날 따라하는 거야?

왜 째려 보지?

이게 웃어?

씨익~

지금 웃음이 나오냐?

그럼 울까요, 박사님?

이래서야 어떻게 언론의 관심을 끄나, 나원참.

바다 보물을 찾는 로봇

바다는 아직도 개척되지 않은 무궁무진한 보물 창고이지요. 하지만 사람은 물속에서는 숨쉬기 어렵기 때문에 바닷속 깊이 들어가기 어려워요. 그래서 사람 대신 바닷속을 탐사하기 위해 만들어진 해양 탐사 로봇도 있어요.

해양 탐사 로봇은 바다 밑바닥을 헤치고 다니며 자원이 얼마나 있는지 조사해요. 통신을 위해 만든 선을 까는 일을 하는 것도 이 로봇이랍니다.

우리나라 무인잠수정 로봇, 해미래

　바닷속 광물 자원을 찾는 무인잠수정 해미래는 바닷속 6천 미터까지 잠수할 수 있어요. 우리나라는 세계에서 4번째로 무인잠수정 로봇을 만들었어요. 해미래는 광물자원탐사 등 연구 임무 외에도 여러 가지 일을 도맡아요. 바닷속에 떨어진 포탄을 찾아내기도 하고, 실종 장병을 찾아내는 일을 하는 등 큰일을 해준답니다. 해미래는 심해저 촬영장비와 음파탐지기, 로봇 팔 등이 달려있어 사진을 찍고, 물건을 수거하는 일을 모두 할 수 있거든요.

해미래

우리가
몰랐던 세계
탐사 로봇에게
맡기세요!

유적 탐사 로봇도 있어요

사람이 들어가기 어려운 유적지에 대신 들어가 사진을 찍고, 녹화를 하는 로봇들이 있어요. 얼마 전 세계 최대 고대 도시문명 유적지 중의 하나인 멕시코 테오티우아칸의 신전 터 지하에서 발견된 2천 년 된 터널을 탐사하는 로봇이 들어가 녹화를 하기로 했어요. 이전에도 세계 최대 미스터리 중의 하나인 이집트 쿠푸 대 피라미드에 탐사 로봇이 들어가 활약하기도 했지요. 탐사 로봇은 유리섬유로 만든 광선 전달 장치, 고감도 카메라, 탐침 레이더 안테나 등을 달아 탐사 도중 길을 잃지 않고, 사진을 찍을 수 있도록 만들어진답니다.

멕시코
테오티우아칸

거리의 화가

2065년 여의도 벚꽃 축제

초상화 그려 드려요! 한 장에 건전지 2개!

로봇이 무슨 그림을 그린다고, 참나!

여기 있습니다, 손님.

우와, 이 로봇 정말 그림 잘 그린다.

얼마나 잘 그렸기에 그래?

아니 이럴 수가!

얘야, 그 그림 아저씨한테 팔지 않을래?

갖고 싶으면 아저씨도 건전지 내고 그려 달라고 그러세요.

내가 뭘 어쨌다고?

흥, 이상한 아저씨야.

원 원 애가 저리 쌀쌀맞누!

어이 로봇! 나도 한번 그려 보게.

건전지 두 개, 선불입니다.

아니 누가 떼먹을까 봐 그러나?

다 그려 놓으면 맘에 안 든다며 그냥 가는 사람들이 있어서요.

알았네, 알았어. 이젠 로봇들이 더한다니까. 옛다, 건전지.

움직이지 말고 그대로 가만히 있으세요.

꼼짝 못하고 있으려니 정말 힘들군!

쓱 싹!
쓱 싹!

자, 여기 있습니다.

오오, 이게 진정 로봇이 그린 거란 말인가?

쿵!

있는 그대로 똑같이 그리는 로봇은 봤지만.

이건 창의적이고 예술적인 그림이야.

자네 주인은 누군가?

흔들 흔들

전 주인이 없어요. 유행이 지났다고 버렸죠. 그런데 왜 남의 몸을 만져요!

힘
비틀

그래? 그럼 우리집에 가서 같이 살면 어떻겠냐?

싫은데요.

159

우리집 가면 오렌지맛 건전지도 많이 줄게.

제가 뭐 건전지나 먹겠다고 이러는 줄 아세요?

로봇이 건전지면 됐지 뭘 더 바래?

아저씨 같은 사람이랑 말해 봤자 배터리만 닳아요. 그만 가세요.

절래 절래

그럼 자네가 그린 그림을 내게 팔게. 그림 한 장에 건전지 열 개, 아니 스무 개를 주겠네.

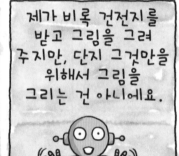

제가 비록 건전지를 받고 그림을 그려 주지만, 단지 그것만을 위해서 그림을 그리는 건 아니에요.

전 사람들의 꿈을 그리면서 행복을 느낀다고요.

아 누가 꿈을 그리지 말래? 그걸 내게 팔라는 거지.

보아하니 아저씨 그림장사인 거 같은데요.

내가 이래 봬도 그림 시장의 큰 손이라고, 에헴.

이 아저씨 때문에 오늘 영업은 끝내야겠군.

그러니까 아저씨는 절 이해하지 못하는 거예요.

주섬 주섬

꿈은 사고 파는 게 아니에요. 사람이 그것도 모르냐!

내일은 저런 아저씨 안 만나야 할 텐데.

돈으로 살 수 없는 게 어딨어? 로봇 주제에 어디서 건방을 떨어.

부들부들

초상화를 그리는 화가 로봇

집안일을 돕거나 공장에서 일하는 로봇만을 생각하면 안 돼요. 예술작품을 만들어내는 로봇도 있거든요. 멋지게 그림을 그리는 화가 로봇은 그 자리에서 척척 초상화를 그려내지요. 이런 화가 로봇은 얼굴에 카메라 눈을 달고 있어서, 그 눈으로 사람의 얼굴을 잘 살펴보지요. 신기하게도 사람들의 생김새에서 그림을 그릴 수 있는 특징을 잘 뽑아내요. 그 뒤 명령을 받은 로봇 팔이 종이에 그림을 그리는 거예요. 로봇이 그림을 그린다니, 정말 신기하죠?

하얗게 빈 캔버스를 바라보며 나는 생각하지. 오늘은 어떤 꿈을 그려서 사람들을 행복하게 해줄까?

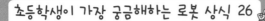

초등학생이 가장 궁금해하는 로봇 상식 26

우리나라의 화가 로봇 픽토

우리나라에도 초상화를 그리는 화가 로봇 픽토가 있어요. 부천 로보파크에 가면 만날 수 있는 픽토는 관람객의 초상화를 그려주어 큰 인기를 끌고 있지요. 픽토는 초상화를 그리기 전에 먼저 사진을 찍는대요. 이 사진을 분석해 얼굴과 눈, 코, 입 등의 특징을 얻는 거래요. 이렇게 얻어진 정보를 바탕으로 오른팔을 움직여 초상화를 그리는 거지요. 진짜 화가가 그린 초상화에는 못 미치는 수준이지만, 관람객들은 로봇이 자기 초상화를 그려주는 신기한 경험을 아주 즐거워한대요.

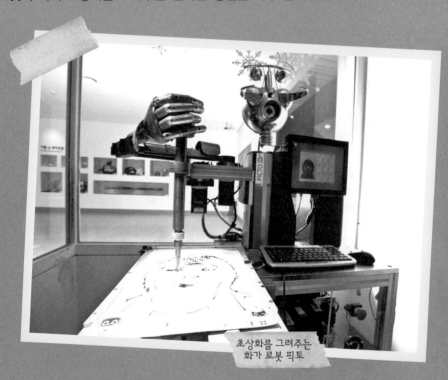

초상화를 그려주는
화가 로봇 픽토

로봇 스스로 그림을 그려요

영국의 헤롤드 코언이 개발한 아론은 스스로 그림을 그리는 컴퓨터 프로그램이에요. 버튼 하나만 누르면 화가 못지않은 독특한 형태의 펜 드로잉 작품을 순식간에 만들어내지요. 컴퓨터가 그린 그림이라는 사실을 알지 못하는 사람들은 아론의 작품을 보고 감탄을 한답니다. 아론이 독특한 것은 프로그램이 시작되면 아론이 모든 것을 결정한다는 것이에요. 아론은 외부세계에 대한 지식과 그림 그리는 기술에 대한 지식을 가진 똑똑한 컴퓨터 프로그램이거든요. 그런데 아론이 그린 그림은 과연 예술작품일까요, 아닐까요?

스스로 생각해서 그림을 그리는 로봇 아론이 그린 그림

27. 미래의 로봇

로봇 제국의 역사

2164년, 인간의 지능을 넘어선 1세대 휴머노이드 로봇 재크가 탄생했다.

그를 만든 미하일 박사는 이 로봇이 인류가 당면한 문제들을 해결하는 데 큰 역할을 할 거라 믿었다.

아이가 창문에 매달렸어! 살려 줘요! 어째 어째? 저걸 어째? 아, 더는 못 버텨! 끝인가?

미끌 으아악!

으 아 악

척 휘익~ 로봇이 아이를 구했어! 왓! 왓!

고마워요. 고마워요. 와~ 와~

News Today
로봇 재크
추락하는 아이 구출

오늘 오후 로봇 재크가 탈선하는 초고속열차를 온몸으로 받아내 350명의 승객들의 목숨을 구했습니다.

로봇 재크는 이제 지구인들의 영웅이 되었습니다. 오늘 재크는 어린이집을 찾아 아이들에게 희망과 사랑의 메세지를 전했습니다.

헉!

재크다!

어?

데구르르~

덜커덩!

일도 못하는 고물 덩어리 같으니.

힘!

슛!

깔깔깔! 야, 패스!

뻥!

로봇은 인간들을 위한 소모품일 뿐이야.

아무리 사람들이 내게 열광해도 난 어차피 로봇일 뿐이야. 쓸모없어지면 고철로 버려지는.

난 인간이 아니고 로봇이야. 더이상 로봇들이 인간들에게 이용당하고 버려지는 걸 지켜보지 않을 거야.

불끈

전세계 로봇들이여, 인간들을 몰아내고 로봇의 세상을 만들자!

지지직

인공위성을 통한 메시지 전송!

뚜뚜뚜~

만들자~

몰아내자~

로봇 세상~

뚜뚜뚜

너어~

로봇 위한

만들자~

인간만을 위한 노동을 거부하자!

인간들을 몰아내자!

로봇을 위한 세상을 만들자!

로봇이 주인되는

그렇게 로봇들을 위한 세상을 만들려는 시도는 허무하게 무너지는 듯했다.

인간들은 전투 로봇을 이용해 전쟁을 일으켰다. 전투 로봇들은 인간의 명령에 따라 인간을 없애나갔다. 인간들이 자신들의 실수를 깨닫고 전투 로봇들을 멈추려 했을 때는, 로봇들의 힘이 너무 강해져 있었다.

2172년 인류는 멸종되었다. 재크가 파괴된 지 꼭 8년 만에 로봇이 주인인 세상이 마침내 열렸다.

미래는 로봇 세상?

머지않은 미래에 사람과 로봇이 같이 사는 세상이 올 거라고 믿는 사람들이 많지요. 그런데 미래에는 로봇 사회에 사람들이 사는 시대가 될지도 모른다는 주장도 많아요. 도대체 무슨 말이냐고요? 아침이면 냉장고 로봇이 인사를 건네고, 도우미 로봇이 오늘의 날씨와 주인의 건강 상태를 체크해 주는 거죠. 사람이 채비를 마치면 현관문이 알아서 열리고, 엘리베이터가 알아서 문을 열어줘요. 백화점에 가면 로봇 판매원이 옷을 입혀주고, 집으로 돌아오기 전에 집안에서는 모든 로봇이 알아서 식사준비와 청소 등을 해놓고 기다리고 있을 거라고 해요. 이처럼 로봇으로 둘러싸인 세상에서 사람들이 사는 거지요.

로봇이 사람을 지배할 수 있을까요?

사람들은 로봇이 갈수록 똑똑해져서 오히려 인간을 부리고 지배하는 세상이 올지도 모른다는 공포심을 갖고 있어요. 로봇들이 반란을 일으키고, 인간을 마구 해치는 세상이 올지도 모른다는 거지요. 과연 그럴까요? 인공지능 로봇들이 생겨나고, 나중에는 로봇이 스스로 로봇을 만드는 일을 해낼지도 몰라요. 그러나 그때가 되면 이미 세상은 사람과 로봇, 사이보그가 모두 함께 사는 세상이 될 거라고 해요. 그래서 이미 사람이냐, 로봇이냐 편을 가르기도 어려워진다는 거죠. 미래사회, 과연 어떤 모습으로 다가올까요?

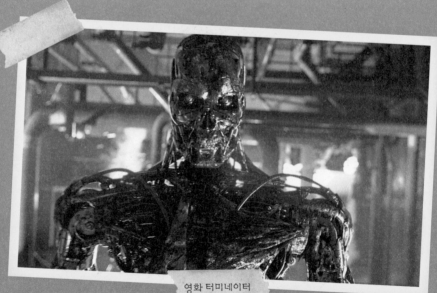

영화 터미네이터

로봇이 범죄를 저지른다면?

만약 미래사회에서 로봇이 범죄를 저지른다면 어떻게 해야 할까요? 아직 로봇의 수도 적고, 그만큼 로봇이 많지 않은 지금은 로봇의 범죄에 대한 처벌이 없어요. 그러나 나중에 수많은 로봇이 돌아다닌다면 이 같은 일이 생길지도 몰라요. 로봇이 일을 하다가 사람을 다치게 한다면? 로봇이 힘 조절을 잘못해서 사람을 해친다면? 생각만 해도 끔찍한 일이지만, 나중에 로봇 세상이 오면 벌어질 수도 있는 일이지요. 나중에 로봇이 사람만큼 똑똑해진다면, 로봇들의 법을 새로 만들어야 할 거예요.

완벽주의자 김 부장님

들었어?
김 부장
휴가 간대.

정말?
언제, 언제?

내일부터.
그것도 무려
한 달 동안.

꺄악!
한 달이나?
올레!

이게 뭐야?
그래프가
0.01밀리미터
작잖아! 똑바로
못해, 엉?

0.01밀리
미터까지
어떻게…

우리 땐
0.001밀리미터도
안 틀렸어. 이딴
식으로 할 거면
당장 그만둬.

내일부터는
저 소리
안 들어도
되겠네.

퍽!

야, 유 대리. 넌
뭐가 좋아서
히죽히죽이야?

어쩐
놈이?

아, 아니에요.
여기 실내화.

참자. 내일이면
저 인간 얼굴
안 봐도 된다.

왠일로
공손하지?

어휴, 오늘 죽었다! 저 악마가 날 가만두지 않을 텐데.

탁탁 탁탁

유 대리, 기획안 빨리 안 가져 와?

깜짝!

어디 보자. 음~

무슨 트집을 잡으려 저렇게 뜸을 들이나?

이거 발로 쓴 거야? 당장 새로 써 와.

휙!

꿍! 꿍!

휴가 간 김 부장이 어떻게 사무실에 있는 거야?

휴우! 도대체 어떻게 된 건지 알 수가 없네.

총무부 김 부장 말이야. 로봇이래.

로봇? 원 소리야?

솔깃~

휴가 가면서 자기랑 똑같은 로봇을 만들어서 자기 일을 대신하게 하고 갔대.

어머! 진짜?

로봇이면 금방 알 수 있지 않나?

천만에. 완전 똑같대. 이따 구경 가자.

그 인간 진짜 해도 너무 하네.

부르르

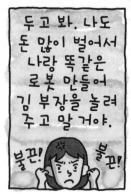

두고 봐. 나도 돈 많이 벌어서 나랑 똑같은 로봇 만들어 김 부장을 놀려 주고 말 거야.

불끈! 불끈!

유 대리, 똥 다 쌌으면 어서 김 부장한테 가 봐.

쾅! 쾅! 쾅!

새 기획안 빨리 가져 오라고 난리야.

어휴! 내가 정말 못 살아.

휴지통

로봇청소부에게 분리수거를 맡겨요

번거롭고 까다로운 분리수거를 도맡아주는 로봇 청소부가 얼마 전 이탈리아에서 등장했어요. 사람처럼 생긴 로봇 청소부의 이름은 더스트 카트. 이탈리아 중부 피사 근교에 있는 페촐리 시에서 도입한 쓰레기 분리수거용 로봇이에요. 둥그런 몸에 금속성 목소리를 내는 더스트 카트는 각 가정에서 필요할 때 호출할 수 있어요. 청소 로봇은 쓰레기를 받아가며 '고맙습니다 (Grazie)'라는 인사와 함께 수거된 쓰레기를 가지고 하치장으로 가지요. 동생 로봇 청소부 더스트 클린도 조만간 나올 예정이라니 참 좋겠죠?

이탈리아의 청소부
로봇 더스트봇

분리수거 로봇
더스트카트

로봇 친구와 신나는 드라이브

피곤하거나 바쁠 때 로봇 친구가 대신 운전을 해준다면 어떨까요? 심심할 때 같이 얘기를 나누거나 쇼핑할 때 짐을 들어준다면? 정말 든든하고 불평 없는 충실한 친구를 얻은 것 같을 거예요. 얼마 전 홍콩의 한 디자이너가 상상한 미래의 자동차에는 로봇을 태울 공간이 따로 마련돼 있어요. 120cm 정도 키의 휴머노이드 로봇을 조수석에 태우고 다닐 수 있게 설계된 것이죠. 친구처럼 대화를 나눌 수 있고, 신호등이 빨간색이면 미리 알려주고, 쇼핑을 할 때는 백을 들어주고 사람이 피곤하거나 바쁠 때는 대신 운전도 해줄 수 있을 거예요. 혹시 교통사고라도 난다면, 로봇 친구가 도와줄 수도 있겠죠?

2040년, 로봇과 함께 하는 미래 사회

지금은 꿈같은 일이지만 불과 몇 십 년 뒤에는 집집마다 로봇과 생활하는 게 당연할지도 몰라요. 얼마 전 서울 G20 정상회의에서 김광웅 서울대학교 명예교수는 미래 사회에 대한 강연에서 이 같은 미래가 올 것이라고 말했지요. 미래에는 로봇이 집안을 정리해주고, 눈과 귀에 기계 칩을 넣어 치매를 예방할 수 있다는 거예요. 그리고 2040년 쯤엔 원숭이 뇌 정도 지능의 로봇이 개발되고, 2080년에는 인간과 같은 로봇이 만들어져 로봇에게 일을 맡기는 시대가 될 것이라고 주장했어요. 로봇과 인간이 함께 사는 사회, 과연 올까요?

영화 AI의
한 장면

로봇수사대 RBI

2063년 미국 뉴욕 경찰청

NYPD

에에에에

12번가 데벌 빌딩에 인질 강도 사건 발생.

번쩍

출동, 로봇 케이!

꾸구궁!

휘이이잉~

꺄악!

슈우웅

사건 현장 도착!

끼이이익

나쁜 놈들! 어린아이를 인질로 잡다니!

가까이 오면 이 아이는 죽는다.

사 살려 주세요.

로봇케이
꼼짝마라!

끼이익!

왜들
이래?

너는 시민의
안전에 위협이 되는
행동을 했다.

로봇케이
아저씨!

어서
가자!

**로봇경찰 시민 안전
무시한 행동.**
오늘 오후 로봇경찰
케이가 인질로 잡힌
소녀의 안전을 생각지
않고 무리한 진압을 해서,
시민을 위험에
빠뜨렸습니다.

전 시민의
위협이 되는
위험물을
제거했을
뿐입니다.

하지만 일단
소녀의 안전을
먼저 확보했어야
했어. 여론이
안 좋아. 자네의
희생이 필요해.

미안하네.
잘 가게.
에너지 박스
오픈!

덜컹

에너지
캡슐
제거!

파팟!

휙

덜컹

로봇케이의
운명은 여기서
끝일까요?
이어지는
'30. 격투로봇'
편을 보세요.

범죄발생률 제로 사회를 만들어요

'범죄가 발생하기 전에 범죄를 막는다면?' 이 같은 생각에서 만들어진 영화가 지난 2002년 개봉한 '마이너리티 리포트'예요. 스티븐 스필버그 감독이 만든 이 영화는 2054년 미국 워싱턴이 나오는 미래 영화지요. 최첨단 치안 시스템 프리 크라임은 범죄가 일어날 시간과 장소 그리고 용의자까지 예측해 범죄가 일어나지 않도록 범인을 잡아들여요. 범죄가 일어나기 전 범죄를 예측해 범죄를 막는 내용이지요. 영화에서처럼 프리 크라임 시스템이 있다면 세상 모든 사람이 두 다리 쭉 뻗고 편히 잘 수 있겠죠?

영화
마이너리티리포트

미래 로봇 경찰은 바빠서 다리가 6개?

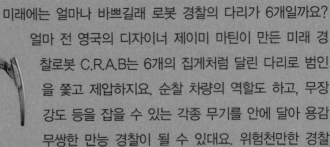

미래에는 얼마나 바쁘길래 로봇 경찰의 다리가 6개일까요? 얼마 전 영국의 디자이너 제이미 마틴이 만든 미래 경찰로봇 C.R.A.B는 6개의 집게처럼 달린 다리로 범인을 쫓고 제압하지요. 순찰 차량의 역할도 하고, 무장 강도 등을 잡을 수 있는 각종 무기를 안에 달아 용감무쌍한 만능 경찰이 될 수 있대요. 위험천만한 경찰의 역할을 로봇이 대신한다는 상상은 예전부터 해왔던 것으로, 로보캅 등 로봇경찰이 등장하는 영화도 나왔었지요. 사람 대신 로봇이 경찰이 되는 시대, 멀지 않았을 지도 몰라요.

경찰로봇 C.R.A.B

사이보그가 된 사람들

　유명 애니메이션 '은하철도999'에서는 사람 얼굴에 로봇 몸을 결합한 사이보그가 많이 등장하지요. 그런데 최근에는 진짜로 사이보그가 되려고 애쓰는 사람들이 나타나 화제를 모았지요. 2009년 11월, 미국 뉴욕대 사진학과 와파 비랄 교수는 자신의 뒤통수에 카메라를 이식해 1년 간 생활하겠다고 발표했어요. 지난 2004년엔 영국 예술가 닐 하비슨이 귀에서 이마 쪽으로 연결된 기계장치 아이보그를 이식받은 최초의 인간으로 유명세를 탄 적도 했지요. 하지만 몇몇 전문가들은 안경도 사이버 웨어라고 주장하는 등 사람이 보조기구를 착용하는 것만으로도 인류는 사이보그 반열에 들었다고 주장하기도 해요. 이렇게 보면 자전거, 운동화, 보청기 등도 사이버 웨어이고, 인류의 절반가량은 이미 사이보그란 걸까요?

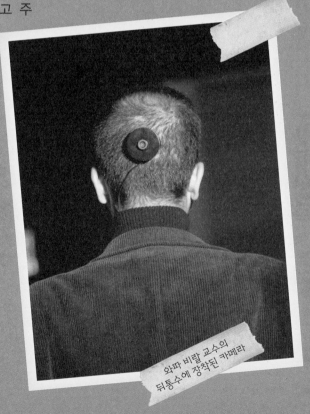

와파 비랄 교수의
뒤통수에 장착된 카메라

30. 격투로봇

거침없이 로우킥

뉴욕시 로봇 폐기장

번쩍!

이 아이는 강도들에게서 내가 구한 그 아이로군!

ZOOM IN

DISTANCE 57mm

쟤가 날 살려낸 건가?

부리리

앨리스, 이제 집으로 돌아가야지. 집에서 엄마가 혼자 기다리잖아.

아빠!

고마워. 앨리스.

꼉!

드드드드

덜컹덜컹

삐그덕 삐그덕

에에에엥~

182

에에에엥~

끼이익!

여보!

엄마!

괴한들이 올려와서 마구
총을 쏘아댔다더군요.

장기가 모두
손상되서 빨리
인공장기로 교체
해야 합니다.

어떻게
해서라도 제발
살려주십시오.

그런데 인공
장기가 워낙
고가라….

얼마나
하길래?

20억 원 정도
될 겁니다.

20억이요?
그렇게 큰돈을
어떻게 당장?

돈을 마련하지
않으면 죽는 걸
지켜볼 수밖에
없어요.

아,
여보.

털
썩

걱정 마십시오. 제가
방법을 찾아
보겠습니다.

로봇인 네가
무슨 수로?

내 생명의 은인을
위해서라면 어떤
일이라도 하겠어!

로봇
케이~

183

로봇들의 무시무시한 결투

로봇끼리 서로 치고 밀치고 넘어뜨리고…. 로봇들끼리 격렬한 싸움이 벌어졌어요. 왜 그럴까요? 화가 난 걸까요? 아니에요. 이 로봇들은 사람이 무선 조정기로 조정을 해서 싸움을 벌이고 있는 거예요. 요즘 로봇에 관심이 있는 어린이와 학생들이 직접 로봇을 만들어 격투 로봇 대회에 참가하는 일이 많거든요. 이 대회에 참가하는 격투 로봇들의 모양은 천차만별이에요. 그렇지만 주로 바퀴로 움직이는 납작한 모양의 로봇이 많은데, 그 이유는 아무리 싸워도 끄떡없이 다시 일어나라는 거예요. 사람들의 볼거리를 위해 싸우는 로봇들, 왠지 측은하죠?

영화
리얼 스틸

휴머노이드 로봇들의 한판승부, 로보원 대회

　사람처럼 두 다리를 가진 로봇끼리 싸우는 격투 대회도 있어요. 휴머노이드 로봇의 링 위에서 한판승부, 바로 로보원 대회에요. 이 대회는 2002년 일본에서 처음 시작됐어요. 우리나라에서는 2003년부터 부천 로보파크에서 해마다 이 대회가 열리고 있지요. 처음에는 참가자들이 자신의 로봇을 원격 조정해서 결투를 했지만, 최근에는 참가자가 움직이는 대로 똑같이 따라하는 로봇들도 나와요. 조만간 원격조정 없이 로봇 스스로 격투하는 발전된 격투기 로봇들도 나올 예정이래요.

로보원 대회

로봇서바이벌도 있어요

초등학생만 참가할 수 있는 로봇서바이벌 대회도 열려요. 대회 시작 전 주최 측에서 볼과 벙커 재료를 주면 이것을 지정된 위치에 설치하지요. 로봇들이 자신의 진영에 있는 공을 상대방 진영에 많이 넘기면서 자신의 진영에 있는 벙커를 쌓아 득점을 많이 하는 팀이 승리하는 경기예요. 참가자가 대회장에서 제작한 로봇으로 경기를 치르는데, 로봇 조종 기술과 전략, 전술 기술을 겨루는 대회이지요.

로봇 서바이벌 경기장면

1장
-세탁기 ⓘ ⓒ lincolndisplayimages.com
전자레인지 ⓒ Eliot & Jenn
엘리베이터 ⓒ gyulgon
자동문 ⓘ ⓒ comfuture
-카렐차페크 ⓒ anch_jm
-일본 아기로봇 ⓒ fullscratch
미국 트랜스포머 ⓒ GorilaChannel
중국 꼭두각시 ⓒ Valigance
유럽 로봇청소기 ⓘ ⓒ Will Merydith
장난감로봇 ⓒ carlos_alberto_mty

2장
-태엽인형 ⓒ Gloucester, A Bottled Spider
-디딜방아 ⓒ marisa burton
거중기 ⓒ joshua2014

3장
-전기 ⓒ elbow®
모터 ⓒ snowfan
센서 ⓒ recotana
-옛날 카메라 ® Rxe08
-연료전지 ⓒ CommScope

4장
-에스봇 ⓒ Ian Ozsvald
-스마트폰 ⓒ Blastoff Worldwide's photostream

5장
-스파코 ⓒ Senor Roboto
-아이보 ⓒ daniel.lehtovirta
-제니보 :
동부로봇 http://www.dongburobot.com/

6장
-자동차 생산하는 로봇팔 : 현대중공업
-용접로봇 ⓒ Reinold Metaalbewerking
-햄다수 :
마에카와 전기 http://www.mayekawa.co.jp/

7장
-정밀농업시스템 ⓒ makrus_cirebon
-무인 농작업 로봇 ⓒ Agronotizie – Le novit?
per l'agricoltura

8장
-트릴로바이트 ⓒ pppspics
-일본 가사용 로봇
-설거지 로봇 : 요미우리신문

9장
-아이로비큐 :
유진로봇 http://www.yujinrobot.com/
-에트로 :
한국전자통신연구원 http://www.etri.re.kr/

10장
-로봇 영어 교사 잉키 :
한국과학기술연구원 홍보팀 http://www.kist.re.kr/

-원격제어무장로봇, 감시경계로봇 :
삼성테크윈 홍보팀
http://www.samsungtechwin.co.kr/

11장
-사이보그 풍뎅이 ⓒ bhanu143143
곤충로봇 ⓒ CMD Breda Next Nature
-밀리봇 ⓒ The U.S. Army
-롭해즈 : 유진로봇 http://www.yujinrobot.com/

12장
-다빈치 ⓘ ⓒ ⓒ SomosMedicina
-의료용 나노로봇 ⓒ RalphyMyBoy

13장
-사람의 형상을 한 로봇 ⓒ inter-
-와봇-1 ⓒ SD Skuld
-와봇-2 ⓒ detkikonfetki
-아시모 ⓒ icyberlawyer_ASIMO&HUBO

14장
-휴보 : 한국과학기술원(KAIST) 휴보 연구소
오준호 교수님
-센토 : 한국과학기술연구원 홍보팀
http://www.kist.re.kr/
-마루와 아라 : 한국과학기술연구원 홍보팀
http://www.kist.re.kr/

15장
-춤추는 로봇 HRP-4C ⓒ zeesh.an
-에버투 뮤즈 :
한국생산기술연구원 로봇융합연구그룹
-에버의 국악공연 :
한국생산기술연구원 로봇융합연구그룹

16장
-로봇축구 ⓒ Robots-Dreams
-검도 로봇 MUSA 차세대융합기술연구원
로봇융합연구센터장 방영봉
-국제로봇올림피아드 :
광주테크노파크 http://www.gjtp.or.kr/

17장
-인스봇 ⓒ Jpl3k – JonathanL25
-사이버드 ⓒ trackpads

18장
-오프로 ⓒ mark@roxberries
-미군경비로봇MDARS ⓘ ⊜ ⓒ NNSANews

19장
-키스멧 ⓒ Travel Size Friends
-아인슈타인 로봇 : Hanson Robotics社
-애완로봇 파로 ⓘ ⓒ Ms. President

20장
-재활치료 로봇 카레스 : 울산과학기술대학교
전기전자컴퓨터공학부 변증남 교수님
-바텐더 로봇 티롯 : 한국과학기술연구원

홍보팀 http://www.kist.re.kr/
-심부름 로봇 마루-제트 : 한국과학기술연구원
홍보팀 http://www.kist.re.kr/
-마사지 로봇 휘미 ⓒ emorykrall

21장
-나노입자 ⓒ FEI Company
-혈관 치료용 마이크로 로봇 :
전남대학교 로봇연구소

22장
-탐사로봇 소저너 ⓒ Bubbinski
-스피리트/오퍼튜니티 ⓒ ferosu_v9
화성 ⓘ ⓒ ⓒ J.Gab?s Esteban
-보이저 1호 ⓒ FlyingSinger
보이저 2호 ⓒ Bubbinski
보이저 계획 ⓘ ⓒ nasa hq photo

23장
-로봇 태권V ⓒ blue.tengu
-미키마우스 ⓒ starberryshyne
아톰 ⓒ TheMentes
-피노키오와 할아버지 ⓒ disneyfreaksam

24장
-남극 ⓒ ki051649
-물고기 로봇 로피 : 서울대학교 공과대학
조선해양공학과 김용환 교수님
익투스 : 한국생산기술연구원
생체모방로봇연구그룹
-대우조선해양 용접로봇 단디 : 대우조선해양
홍보팀 http://www.dsme.co.kr/

25장
-해미래 : 한국해양과학기술연구원 www.kiost.ac
-테오티우아칸 ⓘ ⓒ fklv (Obsolete hipster)

26장
-화가 로봇 픽토 :
부천 로보파크 www.robopark.org/
-아론이 그린 그림 ⓒ Carnegie Science Center

28장
-더스트봇 ⓒ soloonly46
더스트카트 ⓒ blogarpuro

29장
-마이너리티리포트 ⓒ Biblioteca Garcilaso
-경찰로봇 C.R.A.B ⓒ Nrk9t1x
-와파 비랄 교수의 뒤통수 카메라
ⓘ ⓒ Kyle McDonald

30장
-로보원 대회 ⓒ Robots-Dreams
-로봇서바이벌 : 2012챌린지고성공룡로봇KOREA
(재)경남고성공룡세계엑스포조직위원회